AUS EINEM BRETT

ANDY STANDING

EINFACHE HOLZPROJEKTE

AUS EINEM BRETT

LV.Buch
Die Begeisterungswerkstatt

IMPRESSUM

Herausgegeben von Bonnier Fakta

Originaltitel „One-Plank Woodworking Projects"

3. Auflage 2024

Übersetzung: Susanne Englmayer,
www.englmayer.de

Text: Andy Standing

Titelgestaltung: Monika Wagenhäuser

Herstellung: LV Media Pro
im Landwirtschaftsverlag GmbH,
Anja Luszek-Hoffmann (Ltg.), Ingo Feyka

ISBN 978-3-7843-5523-8

VORWORT

Die Gestaltung und Umsetzung von eigenen Projekten eignet sich hervorragend, um die Kreativität auszuleben, die in so gut wie jedem Menschen wohnt. Dinge für Haus und Garten selbst herzustellen, ist außerdem eine großartige Gelegenheit Individualität auszudrücken.

Für schöne, selbst gebaute Dinge aus Holz, die Sie mit Stolz präsentieren können, benötigen Sie lediglich eine Basisausstattung an Werkzeug und wenig Zubehör. Die meisten von uns reparieren Dinge oder passen sie an. Mit dem dafür bereits vorhandenen Werkzeug können genauso gut auch individuelle Projekte von Grund auf neu gebaut werden.

Dieses Buch leitet anschaulich durch die Konstruktion von 20 solcher Projekte. Es wird Ihnen Selbstvertrauen geben und das nötige Basiswissen zur Umsetzung vermitteln.

Aber Achtung! Das Arbeiten mit Holz macht süchtig. Sollten Sie sich, wie ich, mit dem „Holzwurm" infizieren, werden Sie immer wieder, auch für Freunde und Familie, etwas bauen wollen. Viel Spaß dabei!

Mark Baker

Herausgeber, Woodturning & Woodcarving magazines

INHALT

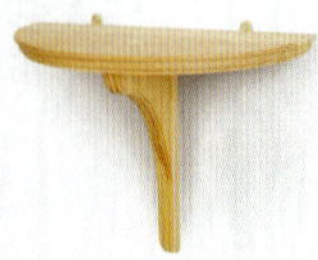

Projekte

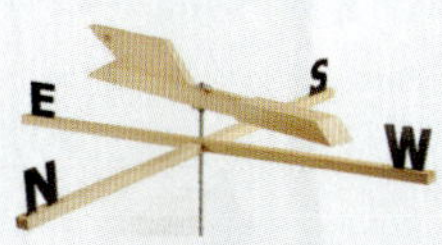

EINFÜHRUNG

Was macht man bloß aus einem Brett? Eine Bodendiele vielleicht. Ein Regal? Nein, mit ein wenig Vorstellungsvermögen wird daraus sehr viel mehr.

Ziel dieses Buches ist es, Sie mit Plänen und Inspiration auszustatten, um nützliche Dinge für Werkstatt, Haus und Garten selbst herzustellen. Das alles ganz unkompliziert und ohne lange Materiallisten. Für die vorgestellten Projekte brauchen Sie nur vorfertigte Bretter von Ihrem lokalen Holzhändler oder aus einem Baumarkt.

Erforderlich ist immer nur ein einziges Brett, gelegentlich kommen Eisenwaren wie Schrauben oder Scharniere und zusätzlich etwas Sperrholz hinzu.

Die angewendeten Techniken sind unkompliziert und ein Mix aus traditionellen und modernen Methoden.

Die Projekte können ausschließlich mit Handwerkzeug realisiert werden, der Einsatz von Elektrowerkzeug beschleunigt die Umsetzung allerdings.

Viele der Entwürfe können für Ihre persönlichen Bedürfnisse modifiziert werden. Das gilt besonders für die angegebenen Maße, vielleicht brauchen Sie ein ja Tellerregal für mehr Teller oder einen größeren Schaukelstuhl. Rechnen Sie also einfach neu durch, ganz wie Sie mögen. Wichtig ist, dass Sie nur das bauen, was Sie auch wirklich bauen möchten. Denn Sie sollten es genießen, die Erfahrung des Selberbauens. Vielleicht inspiriert es Sie, sich bald schon eigene Projekte auszudenken.

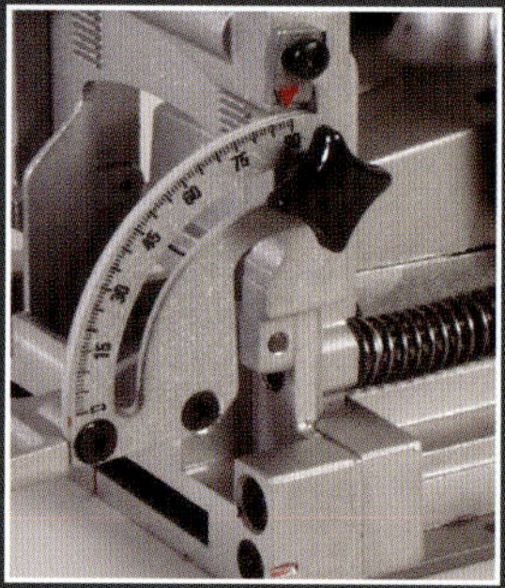
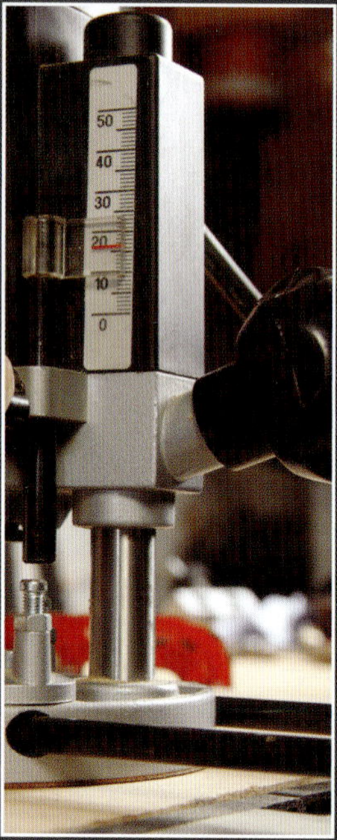
50
40
30
20
10
0

GRUNDLAGEN

KAPITEL | 1

WERKZEUG UND AUSRÜSTUNG

Erfolgreiches Handwerken basiert auf vielen Faktoren, besonders wichtig ist die Ausstattung Ihrer Werkzeugkiste. Um gut arbeiten zu können, brauchen Sie gutes Werkzeug. Wählen Sie deshalb immer das in Ihrer Preisklasse Bestmögliche. Qualität hat ihren Preis, doch das Geld ist nicht verschwendet. Bei guter Pflege hält gutes Werkzeug oft Jahre oder Jahrzehnte. Und es lässt sich auch viel besser damit arbeiten. Billigwerkzeug hingegen ist eine Fehlinvestition, meistens ist es schlecht gestaltet und aus minderwertigem Material hergestellt. Das bedeutet: schlechte Handhabung und schlechte Arbeitsergebnisse.

In einer gut ausgestatteten Werkstatt finden sich Hand- und Elektrowerkzeuge, vielleicht auch einige Maschinen. Die verfügbare Vielfalt kann durchaus abschreckend wirken. Lesen Sie deshalb zunächst die folgenden Hinweise zu den Werkzeugen, die für die Projekte in diesem Buch hilfreich sind.

HANDWERKZEUGE

Sie benötigen eine kleine Auswahl an Handwerkzeug sowie Messinstrumente und Stifte.

MESSEN UND MARKIEREN

Am wichtigsten sind Zollstock, Maßband und Stahllineal. Bei Winkelmessungen sind auch Anschlagwinkel und Kombinationswinkel nützlich, ebenso Winkelmesser und Schmiegen. Dazu kommen Zirkel und natürlich zahlreiche Bleistifte in unterschiedlichen Härtegraden.

Werkzeug zum Messen und Markieren

SÄGEN

Der Besitz von verschiedenen Sägen ist unverzichtbar. Ein Fuchsschwanz z. B. kann vielfältig eingesetzt werden. Für feinere Schnitte eignet sich die Handsäge oder auch eine Ziehsäge (Japansäge), die bei der Ziehbewegung schneidet. Diese verfügt über ein dünnes, flexibles Sägeblatt mit rasiermesserscharfen Sägezähnen. Sie hinterlässt eine akkurate und sehr schmale Sägefuge.

Die bisher vorgestellten Sägen sind gut für gerade Schnitte. Um Kurven zu sägen, gibt es z. B. Bogensägen, in die ein feines Sägeblatt gespannt ist. Die Ausrichtung dieser Sägeblätter kann flexibel eingestellt werden, daher ist möglich, in alle Richtungen zu sägen. Solche Sägeblätter sind zwar recht zerbrechlich, dafür aber auch kostengünstig.

Verschiedene Sägen

HOBEL

Ist das Holz einmal geschnitten, müssen Kanten geglättet und Unebenheiten bereinigt werden. Dafür brauchen Sie Hobel. Es gibt unzählige Größen und Ausführungen, von der beeindruckenden Raubank bis zum schmalen Simshobel. Für den Anfang reichen aber zwei, ein Putz- und ein Hirnholzhobel.

Putzhobel und Hirnholzhobel

STECHEISEN

Nützlich ist auch eine kleine Auswahl an Stecheisen. Gut geschärft sind sie vielseitig einsetzbar, z. B. beim Herstellen von Holzverbindungen oder bei der Gestaltung von Details. Wählen Sie auf jeden Fall solche mit gefasten Kanten.

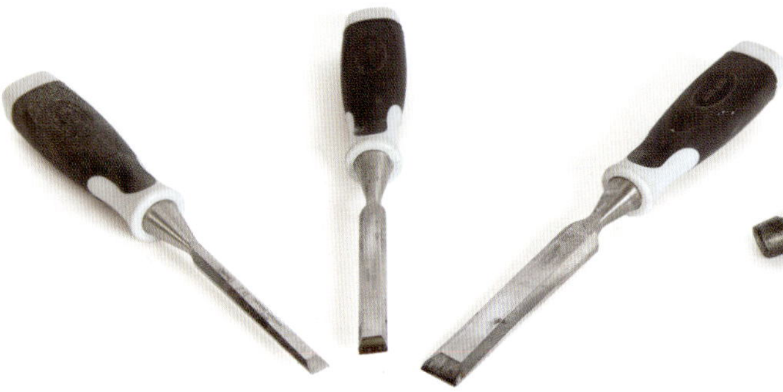

Verschiedene Stecheisen

HAMMER UND SCHLEGEL

Bei kleinen Projekten werden große Hämmer selten benötigt. Ein mittelschwerer Schreinerhammer und ein Nagelhammer sind fürs Erste ausreichend, dazu ein Schlegel für Stecheisen oder um schwergängige Holzverbindungen ineinander zu treiben.

Verschiedene Hämmer

SCHRAUBENDREHER

Schraubendreher gibt es so viele, wie es auch Schrauben gibt, denn jeder Schraubenkopf braucht ein passendes Gegenstück. Eine kluge Wahl sind daher Schraubendreher mit auswechselbaren Bits und Ratschengriff.

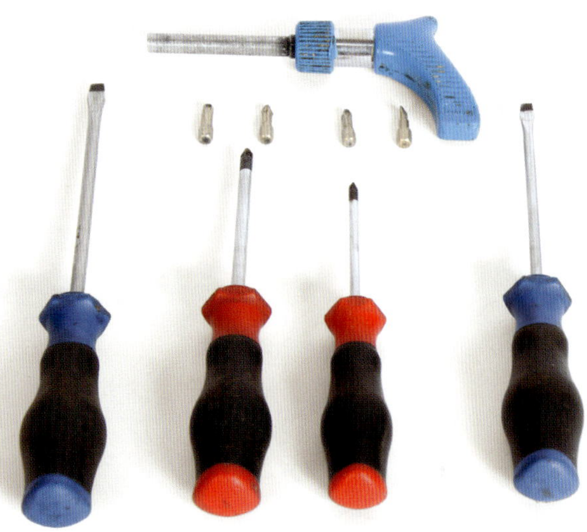

Verschiedene Schraubendreher

ZWINGEN

Zwingen sind außerordentlich wichtig, ohne sie geht nichts. Für die anstehenden Aufgaben sollten Sie eine großzügige Auswahl an Schraub-, Bügel- und Bandzwingen in unterschiedlicher Größe zur Verfügung zu haben.

Verschiedene Zwingen

ELEKTROWERKZEUG

Elektrowerkzeug jeder Art, egal ob über Netz oder mit Akku betrieben, beschleunigt die Arbeit immens. Eine Bohrmaschine ist eine absolute Notwendigkeit. Eine Stichsäge ebenfalls, nicht nur, weil sie Kurven sägt. Für sie stehen auch viele verschiedene günstige Sägeblätter zur Verfügung. Eine Kreissäge erleichtert das Zuschneiden von Brettern, sie arbeitet aufgrund ihrer Führungen sehr akkurat.

SCHLEIFMASCHINEN

Elektrische Schleifmaschinen verkürzen die Dauer des Handschleifens und verleihen Ihren Projekten eine gleichmäßig glatte Oberfläche. Es gibt viele verschiedene Bauarten, am weitesten verbreitet ist der Schwingschleifer.

Runder Schwingschleifer

AKKUSCHRAUBER

Bei Projekten mit vielen Verschraubungen ist ein Akkuschrauber eine große Hilfe. Erhältlich sind verschiedene Größen für unterschiedliche Aufgaben, wobei auch die kleinsten ungemein kraftvoll sind.

Akkuschrauber

Stichsäge mit Sägeblättern

Bohrmaschinen

OBERFRÄSE

Das Vorhandensein einer Fräse setzt Maßstäbe. Diese und ein Frästisch erlauben Ihnen eine Vielzahl von Prozessen, z. B. das Herstellen von Holzverbindungen und das Anbringen von Verzierungen. Für die in diesem Buch vorgestellten Projekte genügen eine kleine Fräse mit einer schlichten Auswahl an Fräsaufsätzen und ein simpler Frästisch.

Oberfräse

Nutfräse

NUTFRÄSE

Eine Nutfräse ist ein extrem praktisches Werkzeug, mit ihr werden einfach und schnell stabile Holzverbindungen hergestellt. Verarbeiten Sie für die hier vorgestellten Projekte immer Flachdübel der Größe 20, falls nicht anders angegeben.

WERKSTATTMASCHINEN

Sobald Sie tiefer ins Holzhandwerken einsteigen, werden Sie auch mehr investieren wollen. Werkstattmaschinen benötigen Platz, und sie bedeuten eine erhebliche finanzielle Investition. Doch die Anschaffung lohnt sich. Mit diesen Maschinen sind in kürzerer Zeit größere Projekte möglich, die dennoch wesentlich akkurater ausgeführt sind.

TISCHSÄGE

Die vielleicht wichtigste Werkstattmaschine, die auch die meisten Heimwerker als Erstes anschaffen, ist die Tischsäge. Mit ihr können leicht und präzise schräge Schnitte und auch Winkelschnitte ausgeführt werden. Es handelt sich um ein einfaches Kreissägeblatt, das fest in einem Metalltisch montiert ist. Dazu kommen zwei Paar bewegliche Anschläge zum Längs- und Quersägen. Manche Modelle haben ausziehbare Tische, die auch große Holzplatten unterstützen. Das Sägeblatt kann zum Schneiden von Schrägen geneigt und die Anschläge auf Gehrung gedreht werden.

Tischsäge

• • • BRETT-PROJEKTE-TIPP:

Holz zu sägen ist nur eines der vielen Dinge, die bei der Arbeit an einem Projekt anstehen. Darüber hinaus muss auch geformt, verbunden, geschraubt und montiert werden.

BANDSÄGE

Eine Bandsäge ist eine gute Investition, manche Heimwerker bevorzugen sie sogar gegenüber der Tischsäge. Dafür gibt es Gründe: Zum einen braucht sie nicht so viel Platz, außerdem ist sie leiser, sie verärgert die Nachbarschaft nicht mit ihrem Kreischen. Sie ist auch weniger beängstigend, es gibt kein rasant kreisendes Sägeblatt und kaum Rückschlagriskio. (Wenn sich Holz im Sägeblatt verhakt und dadurch zurückgeschleudert wird.) Bandsägen eignen sich besonders gut zum Schneiden von Kurven und Herstellen von Holzverbindungen. Nicht so präzise gelingen lange, gerade Schnitte, doch eine gut ausgerichtete Bandsäge mit scharfem Sägeblatt bewältigt auch das durchaus
akzeptabel.

Bandsäge

STANDBOHRMASCHINEN

Standbohrmaschinen verbessern die Bohrgenauigkeit enorm. Normalerweise reichen Handbohrmaschinen völlig aus, doch wenn es um Löcher geht, die im exakt rechten Winkel gebohrt werden sollen, wird es kompliziert. Eine Standbohrmaschine oder eine auf einen Ständer montierte Handbohrmaschine ist in dem Fall hilfreich.

KOMBINATIONSSCHLEIFMASCHINE

Eine überaus vielseitige Maschine mit einem Schleifband und einer Schleifscheibe. Sie wird zum Glätten und Formen von geraden oder gekurvten Bauteilen eingesetzt.

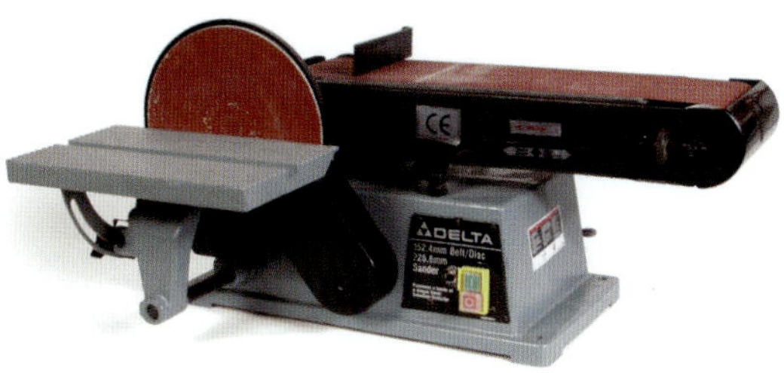

Kombinationsschleifmaschine

Bohrmaschine im Bohrständer

KAPITEL | 2

TECHNIKEN

Holzarbeiten erfordern Disziplin und sollten mit Ruhe und Methodik angegangen werden. Wenn Sie sich konsequent durch die Projekte arbeiten, lassen sich Fehler weitgehend vermeiden. Außerdem werden Sie stetig hinzulernen, und Ihre Arbeit wird sich mit Ihren Fähigkeiten verbessern.

Beginnen Sie immer mit der Materialauswahl. Zeichnen Sie grob an, wie Sie das Holz am sparsamsten einsetzen können. Auf jedem Brett sollte schließlich genau markiert sein, welche Komponente aus welchem Stück ausgeschnitten wird. Danach werden zunächst die Querschnitte ausgeführt, anschließend die Längsschnitte. Und weiter geht es mit Hobeln, Schleifen und Montage.

MESSEN UND MARKIEREN

Zunächst muss Ihr Holz so angezeichnet werden, dass die benötigten Bauteile ausgeschnitten werden können. Dabei passieren leicht Fehler, die den Projekterfolg beeinträchtigen. Falsche Markierungen – und damit falsch ausgesägte Bauteile – sind höchst ärgerlich. Das gilt das Sprichwort: „Zweimal messen, einmal schneiden!"

Erstens: Beim Messen und Anzeichnen sollten Sie methodisch und konzentriert vorgehen. Prüfen Sie immer alles nach, am besten mehrfach.

Zweitens: Nutzen Sie sauberes Messwerkzeug mit deutlicher sichtbarer Skala und zeichnen Sie mit einem gut gespitzten Bleistift an. Auch Anschlag- oder Kombinationswinkel sind hilfreich. Zeichnen Sie durchgehende Linien auf beiden Seiten des Holzes, damit Sie über die gesamte Länge des Schnitts gerade sägen. Schneiden Sie immer auf der Verschnittseite, also außen an der Linie entlang. Das heißt: Die Linie muss nach dem Sägen noch auf dem ausgesägten Bauteil zu sehen sein.

Wenn Sie mehrere identische Bauteile benötigen, zeichnen Sie diese nicht separat an. Auf die Art können Fehler vermieden werden. Messen und schneiden Sie zunächst ein Stück und nutzen Sie dieses dann als Maß, um weitere Teile anzufertigen. So kann nichts danebengehen. Vorausgesetzt natürlich, dass das erste Teil korrekt angefertigt wurde. Außerdem sollten zuerst die größten Bauteile ausgesägt werden. Falls Ihnen dabei ein Fehler passiert, können Sie daraus u. U. immer noch kleinere Teile anfertigen.

Professionelle Handwerker setzen sogenannte Anreißlineale ein, auf denen sämtliche Maße eines Projekts im Originalmaßstab vermerkt sind. Dabei kann es sich übrigens auch um ein einfaches Brett handeln. Das Holz muss nur darauf gelegt werden, um das korrekte Maß ohne erneutes Abmessen zu übertragen.

Beim Anzeichnen von Kurven oder abgerundeten Ecken ist nicht unbedingt ein Zirkel erforderlich. Noch besser eignen sich runde Objekte wie z. B. Pfannendeckel, Farbdosen, Gläser oder auch Münzen.

1 Anzeichnen mithilfe eines Anschlagwinkels auf der Oberfläche.

2 Weiterführen der Linie um die Holzkante.

3 Maßübertragung von einem anderen Werkstück.

4 Zwei identisch angezeichnete Bauteile.

SÄGEN

Die meisten Menschen wissen, wie man Holz durchsägt. Es braucht aber doch ein wenig Übung, um wirklich gut sägen zu können. Wichtig ist vor allem der richtige Griff. Halten Sie die Säge nicht zu fest und legen Sie Ihren Zeigefinger seitlich an das Sägeblatt, sodass er nach vorn zeigt. Damit bleibt Ihr Unterarm bei der Sägebewegung leichter auf einer Linie mit dem Sägeblatt. Der Schnitt wird dadurch deutlich gerader.

Beim Ansetzen platzieren Sie zunächst das Sägeblatt auf die Verschnittseite der angezeichneten Linie. Nutzen Sie den Daumen der Hand, mit der Sie nicht sägen, als Führung. Ziehen Sie die Säge vorsichtig zu sich heran und wiederholen Sie das mehrmals, bis das Holz leicht angesägt ist. Nehmen Sie dann Ihren Daumen weg und bewegen Sie die Säge in dem Schnitt vor und zurück. Vergrößern Sie langsam die Länge der Bewegung, bis sie über das gesamte Sägeblatt geht. Behalten Sie für eine akkurate Schnittführung immer die Markierungslinien im Blick. Sägen Sie langsam und leicht, ohne Druck. Lassen Sie die Säge die Arbeit tun.

1 Korrekte Sägehaltung.

2 Führung der Säge mit dem Daumen beim ersten Ansetzen eines Schnitts, dabei nur Ziehen der Säge.

3 Weitersägen ohne Führung, sobald der Schnitt angelegt ist.

4 Kompletter Schnitt mit noch sichtbarer Markierungslinie.

ZUSCHNITTE

Es gibt zwei verschiedene Arten Holz zu schneiden. Längssägen ist das Schneiden des Holzes parallel zur Holzmaserung, beim Quersägen wird dementsprechend quer zur Maserung gesägt, etwa beim Ablängen von Brettern. Die beiden verschiedenen Arten des Sägens erfordern auch verschiedene Arten von Sägen. Beim Quersägen werden die Holzfasern zerrissen, dazu braucht es große, grobe und weit gespreizte Sägezähne. Längssägen dagegen trennt die Holzfasern einfach nur voneinander, dafür reichen kleinere, deutlich feinere Sägezähne. Heutzutage gibt es aber moderne Sägen mit ausgeklügelter Sägezahngeometrie, die beides erlauben.

Beim Sägen muss das Holz grundsätzlich sicher fixiert sein. Beim Längssägen werden traditionell Sägeböcke benutzt, alternativ kann auch eine portable Werkbank eingesetzt werden. Beim Quersägen von kleineren Bauteilen auf der Werkbank hilft ein Bankhaken. Das ist eine einfache Haltevorrichtung mit einer Querlatte als Stütze während des Sägens. Zum Sägen von Hirnholz kann das Brett auch in einen Schraubstock gespannt werden.

Selbstgemachter Bankhaken

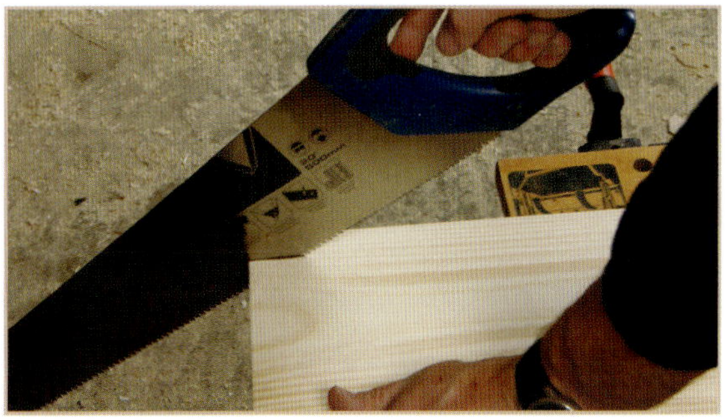

Holz sägen mithilfe einer portablen Werkbank

WERKZEUG SCHÄRFEN

Gut gepflegtes und vor allem scharfes Werkzeug trägt erheblich zum angenehmen Arbeiten mit Holz bei. Stumpfe Klingen produzieren nicht nur unschöne Arbeitsergebnisse, sie führen auch zu Unfällen. Es muss mehr Kraft aufgewendet werden, deshalb ist die Abrutschgefahr groß. Und das ruiniert nicht nur die Arbeit, vor allem kann es üble Verletzungen verursachen. Werkzeugschärfen ist allerdings ein Thema für ganze Bücher, an dieser Stelle soll ein kurzer Überblick genügen. Wichtig ist vor allem das Schärfen von Hobelklingen und Stecheisen.

Neu gekaufte Hobel oder Stecheisen sind nicht gleich einsatzbereit, die Klingen werden mit einem recht groben Vorschliff ausgeliefert. Um gute Arbeit zu leisten, müssen sie jedoch rasierklingenscharf sein. Schleifen können Sie natürlich selbst, Sie benötigen lediglich einen Schleifstein.

Der ursprüngliche Schleifwinkel einer Klinge beträgt 25 Grad. Manche Heimwerker polieren diese Schräge einfach nur, so behält die Klinge allerdings eine anfällige Schneidkante, die leicht beschädigt wird. Und dann muss sie sowieso geschliffen werden. Es ist also besser, gleich eine zweite Schräge mit einem Winkel von 35 Grad anzubringen. Dadurch wird die Schneidkante stabiler und kann auch schneller nachgeschliffen werden, weil nur wenig Metall entfernt werden muss.

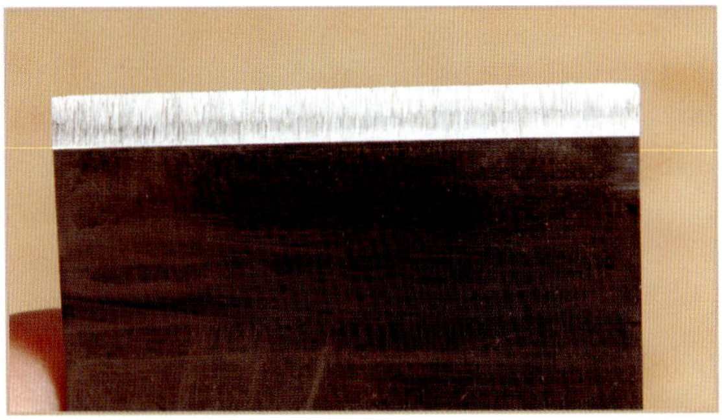

1 Eine grob vorgeschliffene Klinge.

2 Beginnen Sie mit dem Schärfen, indem Sie die Klingenrückseite ebnen. Schmieren Sie den Schleifstein falls nötig. Legen Sie die Klinge mit der Schräge nach oben darauf und reiben Sie sie mit gleichmäßigem Druck.

3 Tun Sie das, bis die Rückseite glatt ist und gleichmäßig glänzt.

4 Drehen Sie die angeschrägte Seite der Klinge nach unten. Finden Sie den Punkt, an dem die Schräge flach auf dem Schleifstein aufliegt. Heben Sie sie zur Spitze hin leicht an, um die zweite Schräge anzusetzen. Achten Sie beim Schleifen darauf, den Winkel beizubehalten.

5 Hören Sie auf, sobald eine neue gleichmäßige Schräge von etwa 1 mm Breite entstanden ist. Wenn Sie die Klinge jetzt mit Ihrem Daumen prüfen, werden Sie einen Grat spüren. Dieser muss noch entfernt werden, bevor die Klinge einsetzbereit ist. Legen Sie die Klinge mit dem Grat nach unten auf den Schleifstein und reiben Sie sie ein paar Mal. Anschließend ist Ihre Klinge wirklich scharf, sie sollte die Haare auf Ihrem Handrücken entfernen können.

BRETT-PROJEKTE-TIPP:

Nutzen Sie eine Schleifführung, wenn es Ihnen schwerfällt, den Schleifwinkel exakt einzuhalten. Das ist eine kleine, an der Klinge angebrachte Vorrichtung, mit der der Winkel fix einstellt werden kann.

HOBELN

Wenn das Holz geschnitten ist, muss es gehobelt werden. Das glättet die Oberfläche und beseitigt Unebenheiten wie z. B. Sägespuren.

1 Ein neuer Hobel sollte als Erstes auseinandergenommen, geschärft und eingerichtet werden.

HOBEL EINRICHTEN

Hobel sind ausgeklügelte Werkzeuge, die besonders Anfängern leicht Respekt einflößen. Gut eingerichtet und geschärft ist ein Hobel jedoch eines der schönsten Werkzeuge überhaupt. Er schält dünne, sich kringelnde Späne von Ihrem Werkstück und hinterlässt eine perfekte Oberfläche.

2 Beim Zusammenbau eines Bankhobels nehmen Sie zunächst die Klinke mit der Schräge nach unten. Legen Sie den Spanbrecher über die Klinge, die große Schraube gehört dabei in das vorgesehene Loch.

3 Schieben Sie den Spanbrecher zurecht, bis er korrekt auf der Klinge sitzt.

4 Schieben Sie den Spanbrecher bis 1 mm vor Klingenende nach unten.

5 Ziehen Sie die Schraube an, z. B. mit der Halteklappe. Platzieren dann Sie die Klinge auf dem Frosch, das ist der abschüssige Teil des Hobels.

6 Der Spanbrecher befindet sich auf der Klinge, die Halteklappe auf dem Spanbrecher. So wird alles zusammengehalten. Drehen Sie bei umgedrehtem Hobel an dem Einstellknopf für die Klinge, bis diese gerade eben durch die Hobelunterseite herausragt. Nutzen Sie den hinteren Einstellhebel für die Paralleleinstellung. An der Unterseite sollte sich vor der Klinge eine kleine Lücke befinden, damit die Späne ausgeworfen werden können. Diese Lücke wird eingestellt, indem das Hobeleisen entfernt, der Frosch gelöst und entsprechend zurechtgerückt wird.

HANDHABUNG

Hobeln ist keine Schwerstarbeit – im Gegenteil, der Hobel sollte sauber und ohne großen Widerstand durch das Holz schneiden. Die Klinge muss für jedes Stück Holz neu angepasst werden, dafür reicht aber meistens der Einstellknopf.

1 Spannen Sie das Holz in einen Schraubstock oder befestigen Sie es auf einer Werkbank. Fassen Sie den Hobel an seinen Griffen und bewegen Sie ihn über die Holzoberfläche. Beginnen Sie mit leichtem Druck auf dem vorderen Griff, um den Schnitt zu beginnen. Mit der Vorwärtsbewegung verlagern Sie den Druck nach hinten, damit der Hobel sich am Ende des Holzes nicht nach unten neigt. Arbeiten Sie möglichst immer mit der Maserung, dadurch erhalten Sie bessere Arbeitsergebnisse ohne raue Stellen.

2 Betrachten Sie die Seite Ihres Holzes, um die Hobelrichtung zu bestimmen. Sie sollten den Winkel erkennen, mit der die Maserung an die Oberfläche tritt. Hobeln Sie in diese Richtung. Alternativ können Sie auch Ihren Finger erst in die eine, dann in die andere Richtung an der Holzoberfläche entlanggleiten lassen. Eine davon sollte sich glatter anfühlen. Das ist Ihre Hobelrichtung.

• • • BRETT-PROJEKTE-TIPP:

Beim Hobeln von schmalen Kanten halten Sie den Hobel am besten zwischen Daumen und Zeigefinger am hinteren Griff, damit Ihr Finger an der Kante des Werkstücks entlanggleiten kann. So ist es leichter, den Hobel in einem konstanten Winkel zu halten.

STEMMARBEITEN

Leider werden Stecheisen in vielen Werkstätten misshandelt. Sie sehen ein wenig aus wie Schraubendreher und eignen sich hervorragend zum Öffnen von Dosen. Dafür sind sie aber keinesfalls gedacht.

Es gibt viele Arten von Stecheisen, am bekanntesten sind die mit gefasten Kanten. Diese verfügen beidseitig über eine Schräge, das macht sie auch an engen Stellen vielseitig einsetzbar. Stecheisen werden vor allem bei der Herstellung von Holzverbindungen benutzt, aber auch beim Ausformen und Verzieren sowie beim Einpassen von Beschlägen sind sie hilfreich. Das Wichtigste ist: Auch Stecheisen müssen rasierklingenscharf sein. Ein scharfes Stecheisen schneidet leicht und hinterlässt ohne großen Aufwand ein gutes Endergebnis. Ein stumpfes hingegen fordert mehr Kraft, dennoch zerfetzt es das Holz einfach nur.

Stecheisen werden übrigens nicht immer mit einem Schlegel bedient. Meistens reicht reine Muskelkraft, also die Hände, um ein Stecheisen ins Holz zu treiben und überflüssiges Material zu entfernen. Ein Schlegel kommt bei der Herstellung von Zapfenverbindungen oder dem Einpassen von Scharnieren zum Einsatz. Befestigen Sie das Werkstück immer sicher in einem Schraubstock oder auf einer Werkbank, wenn Sie mit einem Stecheisen arbeiten. Achten Sie außerdem darauf, dass Sie nicht getroffen und verletzt werden, sollte die Klinge abrutschen.

Das Werkstück sicher an eine Werkbank spannen und überschüssiges Material sorgfältig ausstechen

ELEKTROWERKZEUGE

Alle in diesem Buch vorstellten Projekte können auch mit Handwerkzeugen hergestellt werden, der Einsatz von Elektrowerkzeug erleichtert die Arbeit jedoch erheblich. Hier also einige besonders nützliche Elektrowerkzeuge.

BOHRMASCHINE

Das wohl bekannteste Elektrowerkzeug ist die Bohrmaschine. Sie ist preisgünstig und kann, neben dem Bohren von Löchern, auch verschiedenes Zubehör wie z. B. Schleifwalzen antreiben. Heute gibt es auch sehr handliche, bequem einsetzbare Akkubohrer. Natürlich benötigen Sie verschiedene Bohraufsätze, z. B. Spiralbohrer, in unterschiedlicher Größe.

Bohrmaschinen sind ziemlich sicher in der Handhabung, sofern Sie einige grundlegende Sicherheitsmaßnahmen beachten. Befestigen Sie das Werkstück, in das Sie bohren wollen, immer fest auf einer Werkbank oder in einem Schraubstock. Halten Sie die Maschine fest in den Händen und bohren Sie gerade. Stellen Sie sich notfalls einen Winkel als Orientierungshilfe auf die Werkbank. Achten Sie bei netzbetriebenen Bohrmaschinen auf den Kabelverlauf, damit Sie nicht darüber stolpern oder etwa hineinbohren.

Besonders nützlich ist ein passender Bohrständer, in dem Sie Ihre Bohrmaschine vertikal fest montieren und akkurat senkrechte Löcher bohren können.

Glätten eines runden Ausschnitts mit einem an einen Akkuschrauber montierten Walzenschleifer

STICHSÄGE

Eine elektrische Stichsäge erleichtert das Aussägen von abgerundeten Bauteilen. Es können Innen- und Außenkurven aus Holz gesägt werden, mit der richtigen Klinge außerdem diverse andere Materialien. Wie jedes Schneidwerkzeug sollten sie mit Vorsicht eingesetzt werden. Das Kabel muss immer oberhalb des Werkstücks verlaufen, damit Sie es nicht versehentlich durchsägen. Prüfen Sie vor dem Sägen auch den Bereich unterhalb des Werkstücks. Es kommt vor, dass sich etwas ungewöhnlich schwer sägen lässt. In solchen Fällen werden Sie womöglich feststellen, dass Sie dabei sind, in die Werkbank zu sägen.

Die Drehzahl moderner Stichsägen lässt sich meist mithilfe eines Handschalters regeln, dadurch sind sie auch für ungeübte Heimwerker leicht zu handhaben. Das Geheimnis liegt darin, die Stichsäge vorsichtig vorwärts durch das Holz zu führen. Zentrum der Bewegung ist dabei die schmale Klinge. Üben Sie niemals seitlichen Druck darauf aus, das führt zu schrägen Schnittkanten und kann die Arbeit ruinieren.

Ein rundes Loch mit einer Stichsäge ausschneiden

Das fertige Loch

OBERFRÄSE

Oberfräsen sind leistungsfähige Maschinen, vielseitig einsetzbar, z. B. bei der Herstellung von Holzverbindungen und beim Anbringen von Falzen. Für die Projekte in diesem Buch werden Fräsen (mit kugelgelagerten Fräsaufsätzen) vorwiegend für einfache Verzierungen gebraucht.

Mit ihren freiliegenden Fräsaufsätzen und ihrem hochfrequentem Jaulen sind Fräsen durchaus Respekt einflößend. Die Handhabung bereitet aber kaum Schwierigkeiten, wenn Arbeitsweise und Sicherheitsmaßnahmen einmal verstanden sind.

Oberfräsen haben zwei Hauptkomponenten: Körper und Basis. Im Körper befinden sich der Motor, die elektronische Drehzahlregelung und der Netzschalter. Die Basis trägt den Körper auf zwei gefederten Stahlstützen. Diese erlauben ein Heben und Senken, je nachdem wie tief gefräst werden soll.

Fräsaufsätze

Bevor Sie eine Oberfräse einsetzen, sollten etwas über die Fräser erfahren, ihre Rotation und darüber, wie das die Handhabung beeinflusst. Von oben betrachtet rotieren die Fräsaufsätze im Uhrzeigersinn. Wenn also der Fräser in das Werkstück eintaucht und Sie die Fräse nach vorn bewegen, wird sie tendenziell nach links ziehen. Um das zu verhindern, müssen Sie die seitliche Führung auf der rechten Seite der Maschine anbringen. Falls Sie es vorziehen, die Fräse zu sich hin zu bewegen, verhält es sich natürlich umgekehrt. Dann gehört die Führung auf die linke Seite der Maschine.

Beim Anbringen von Kantenverzierungen ist nur eine Seite des Fräsaufsatzes in Berührung mit dem Werkstück. Arbeiten Sie in dem Fall immer gegen die Rotationsrichtung, damit die Fräse Ihnen entgegendrückt. Für eine Verzierung an der Außenseite eines Werkstücks bewegen Sie die Oberfräse also im Uhrzeigersinn, in der Innenseite ist es dementsprechend umgekehrt.

Oberfräse einrichten

Wenn Sie noch keine Erfahrung mit einer Oberfräse haben, sollten Sie zunächst ein wenig üben. Nehmen Sie sich ein paar Holzreste und entwickeln Sie ein Gefühl für die Maschine.

1 Befestigen Sie ein Brett an der Werkbank, dabei sollte es ein wenig über die Werkbankkante hinausragen. Zeichnen Sie eine Linie im Abstand von 100 mm parallel zur vorderen Kante.

2 Setzen Sie bei gezogenem Netzstecker einen kleinen Fräser mit einem Durchmesser von 6 mm in die Oberfräse ein. Dieser sollte wenigstens zu drei Vierteln in das Spannfutter eingeführt sein. Ziehen Sie den Fräsaufsatz fest an.

3 Fixieren Sie die seitliche Führung lose rechts an der Maschine.

4 Setzen Sie die Oberfräse so auf das Werkstück, dass der Fräser die Oberfläche gerade eben berührt. Stellen Sie die Fräse fest und platzieren Sie sie so auf dem Brett, dass der Fräser an der gezeichneten Line ausgerichtet ist. Richten Sie dann die seitliche Führung so aus, dass sie an der vorderen Kante abschließt.

5 Jetzt muss die Tiefe des Schnitts eingestellt werden. Lassen Sie den Fräsaufsatz auf dem Werkstück und drehen Sie die Schnitttiefeneinstellung herunter, bis er die Spitze des Revolveranschlags an der Basis berührt. Wenn möglich stellen Sie die Skala erst auf null und schrauben Sie sie dann auf 4 mm. Verriegeln Sie die Einstellung in dieser Position, lösen Sie anschließend die Oberfräse. Der Körper der Fräse sollte nach oben springen und mit ihm der Fräsaufsatz.

6 Prüfen Sie die eingestellte Geschwindigkeit. Für Fräser mit kleinem Durchmesser, wie hier zu sehen, kann die Oberfräse mit voller Geschwindigkeit laufen. Für größere Aufsätze sollte die Geschwindigkeit reduziert werden. Prüfen Sie alle Stellschrauben an der seitlichen Führung und die an der Schnitttiefeneinstellung.

7 Positionieren Sie die Oberfräse an der Stelle, an der Sie mit dem Fräsen beginnen wollen. Stellen Sie sicher, dass die seitliche Führung fest anliegt. Fassen Sie die Oberfräse mit beiden Händen und starten Sie den Motor. Drücken Sie sie an den Handgriffen nach unten, wenn die volle Geschwindigkeit erreicht ist. Dadurch taucht der Fräser in das Werkstück ein. Drücken Sie gleichzeitig die Oberfräse nach vorn, um die Nut zu schneiden.

8 Reduzieren Sie den Druck, wenn das Brettende erreicht ist, sodass der Fräser sich wieder nach oben bewegt. Schalten Sie den Motor aus.

• • • BRETT-PROJEKTE-TIPP:

Zuerst ist es schwer einzuschätzen, wie schnell die Oberfräse während des Schneidens bewegt werden muss. Sie sollten die Maschine nicht schneller nach vorn zwingen, als sie arbeiten kann, das belastet nur den Fräsaufsatz und den Motor. Der Motor sollte sanft laufen und die Fräse mit Leichtigkeit geschoben werden. Allerdings, wenn Sie zu langsam werden, kann der Fräser überhitzen und Brandspuren auf dem Werkstück hinterlassen. Bei komplexen Fräsarbeiten ist es jedoch von Vorteil, die Maschine langsam zu bewegen. In diesem Fall sollten Sie die Geschwindigkeit reduzieren.

Frästisch

Fräsen können auch unter einen Arbeitstisch montiert werden. Der Bearbeitung von kleinen Bauteilen kommt das sehr entgegen. Auch der Einsatz von besonders großen Fräsaufsätzen, z. B. beim Herstellen von Holzverbindungen, ist am Frästisch sicherer. Obwohl die Maschine in dem Fall stationär ist und das Werkstück, unterstützt von den Führungen, daran vorbei bewegt wird, funktionieren die Einstellungen wie bei einer Oberfräse. Sämtliche Sicherheitsvorrichtungen des Tisches sollten unbedingt auch genutzt werden. Sie schützen vor den sich schnell drehenden Schneidwerkzeugen und halten die Werkstücke bei der Bearbeitung in Position.

Tischfräse in Aktion

NUTFRÄSE

Eine Nutfräse ist eine äußerst nützliche Maschine. Sie ist einfach und schnell einsetzbar, dabei ausgesprochen sicher. Mit ihr können im Nu zuverlässige Holzverbindungen erstellt werden, dafür braucht es keine komplizierten Vorrichtungen oder Einstellungen. Im Grunde ist es eine kleine Tauchsäge. Sie schneidet präzise Schlitze ins Holz, in die Flachdübel geleimt werden. Der Einsatz von wasserlöslichem Weißleim bewirkt ein Aufquellen des ovalen Dübels und sorgt so für eine ungemein stabile Verbindung. Flachdübel sind besonders geeignet für gerade Holzverbindungen, z. B. bei der Herstellung von breiten Brettern. Außerdem können Sie in leichteren Konstruktionen komplizierte Eckverbindungen, z. B. Schlitz- und Zapfenverbindungen, ersetzen.

Bei einer Nutfräse muss nur die vordere Führung so eingestellt werden, dass der Sägeschlitz mittig sitzt. Wenn also das Holz 20 mm stark ist, stellen Sie die Führung auf 10 mm. Achten Sie darauf, die Nutfräse beim Schneiden gerade zu halten, sonst passen am Ende die beiden Hälften nicht zusammen.

Flachdübel müssen nicht exakt gesetzt werden, es reicht eine Bleistiftmarkierung. Alles Weitere funktioniert ohne Probleme nach Augenmaß. Platzieren Sie die Dübel aber nicht zu nah am Rand eines Brettes, sie könnten sonst bei der anschließenden Bearbeitung freigelegt werden. Lassen Sie wenigstens einen Abstand von 50 mm.

1 Legen Sie die Bretter, die miteinander verbunden werden sollen, ausgerichtet aneinander.

2 Markieren Sie die Positionen für die Flachdübel auf beiden Brettern.

3 Befestigen Sie die Bretter an einer Werkbank, halten Sie die Nutfräse beim Schneiden gerade.

4 Die Bretter fertig zum Verleimen.

5 Für Eckverbindungen stellen Sie die beiden Bauteile aneinander und markieren Sie in dieser Position die Dübelpositionen.

6 Schneiden Sie die Schlitze in das Seitenstück.

7 Schneiden Sie anschließend die Schlitze in die Oberfläche des anderen Werkstücks.

8 Die Eckverbindung fertig zum Verleimen.

Fertige Verbindung

WERKSTATTMASCHINEN

Irgendwann werden Sie über die Anschaffung von Werkstattmaschinen nachdenken, zumindest wenn Sie über ausreichen Platz verfügen. Die Qualität Ihrer Arbeiten wird sich dadurch erheblich verbessern, trotzdem werden Sie dabei schneller sein.

TISCHSÄGE

Sie ist die tragende Säule in jeder professionellen Werkstatt, und jeder ernsthafte Holzhandwerker sollte auch eine besitzen. Eine gute Tischsäge verwandelt Ihre Bretter schnell und problemlos in fertige Bauteile. Dadurch sparen Sie jede Menge Zeit. Eine Tischsäge kann allerdings auch schwere Verletzungen verursachen, sie muss daher jederzeit mit äußerster Vorsicht bedient werden.

Tischsäge einrichten

Eine Tischsäge muss entsprechend der Herstellervorschriften eingestellt werden. Sie sollte auf ebenem Grund stehen und umgeben sein von ausreichend Platz zum Arbeiten.

Die Schutzvorrichtungen müssen korrekt installiert sein, und keinesfalls sollten sie – aus welchem Grund auch immer – jemals wieder abgebaut werden. Es gibt zwei wichtige Schutzvorrichtungen: Spaltkeil und Sägeblattschutz.

Der Spaltkeil ist ein gebogenes Stück Metall, das hinter dem Sägeblatt angebracht ist. Es hält die Sägefuge offen, nachdem das Holz durch die Säge geschoben wurde. Holz ist lebendiges Material, das durch die Jahreszeiten unterschiedlich geprägt ist. Beim Sägen, insbesondere mit Maschinen, neigte es deshalb zu einer unerwarteten Eigendynamik. Frisch gesägtes Holz kann also mit erheblicher Kraft zurückgeschleudert werden, besonders von hinter dem Sägeblatt. Der Spaltkeil verhindert das. Er sollte zirka 3 mm hinter dem Sägeblatt angebracht sein und mit gleichbleibendem Abstand bis oberhalb des Sägeblatts reichen.

Der Sägeblattschutz bedeckt den oberen Teil des Sägeblatts und ist häufig auf dem Spaltkeil montiert. Manchmal ist ein Anschluss für eine Abzugsanlage integriert. Es gibt aber auch Sägeblattschutz, der nicht am Spaltkeil befestigt ist.

Korrekt eingestellter Spaltkeil

Spaltkeil mit montiertem Sägeblattschutz

Aufgeschobener Sägeblattschutz

Handhabung

Mit einer Tischsäge kann Holz sowohl längs- als auch quergesägt werden. Nutzen Sie beim Sägen immer die Anschläge. Holz freihändig durch die Säge zu schieben, ist sehr gefährlich. Kommen Sie mit Ihren Händen niemals auch nur in die Nähe des sich drehenden Sägeblatts. Nutzen Sie insbesondere für kleine Holzstücke immer einen Schiebestock.

Untersuchen Sie Ihr Werkstück zunächst auf Nägel, Schrauben und lose Äste. All das könnte das Sägeblatt beschädigen und sollte vor dem Sägen entfernt werden. Stellen Sie dann den Anschlag ein. Beim Längssägen sollte er parallel zum Sägeblatt fest fixiert sein. Beim Quersägen sollte er ebenso fest im richtigen Winkel angebracht sein.

Zu feines Sägeblätter oder zu langsam geschobenes Holz führt zu Brandspuren

Den akkurat eingestellten Anschlag mit einem Anschlagwinkel prüfen

Schalten Sie die Maschine ein, richten Sie Ihr Werkstück am Anschlag aus und schieben Sie es dort entlang gleichmäßig durch die Säge. Entwickeln Sie ein Gefühl für die Geschwindigkeit. Zu schnelles Schieben strengt den Motor an, bei zu zaghaftem Schieben hinterlässt das Sägeblatt Brandspuren. Beides führt zu schlechten Sägeergebnissen.

Besonders lange Werkstücke sollten hinter der Säge ausreichend abgestützt werden. Dafür lässt sich manchmal die Tischfläche erweitern, insbesondere bei größeren Sägen. Wenn das nicht der Fall ist, können Sie z. B. Rollenböcke nutzen. Außerdem ist natürlich eine zweite Person in der Werkstatt immer hilfreich.

BANDSÄGE

Bandsägen sind besonders in privaten Werkstätten sehr beliebt und dafür gibt es gute Gründe. Eine Bandsäge ist sicherer und macht weniger Lärm als eine Tischsäge. Es gibt kein sich schnell drehendes Sägeblatt und die Hauptschubkraft geht nach unten. Daher ist ein Zurückschleudern des Holzes so gut wie unmöglich. Ein Bandsägeblatt hinterlässt eine feine Schnittfuge, das bedeutet weniger Verschnitt. Es kann außerdem viel tiefer in eine Fläche hineinschneiden als ein Tischsägeblatt.

Mit Bandsägen kann in alle Richtungen, darüber hinaus aber auch in Kurven gesägt werden. Sie sind sicher genug, um ohne Führung bedient zu werden. Trotzdem sollten Sie sich immer darüber im Klaren sein, dass eine Bandsäge ebenfalls eine gefährliche Maschine ist. Sie kann Menschen schwer verletzen, achten Sie also immer gut auf Ihre Hände.

Bandsäge einrichten

Wenn Sie einmal die Grundlagen verstanden haben, sind Bandsägen leicht einzustellen. Das Sägeblatt ist ein umlaufendes Band auf zwei Laufrollen. Stellen Sie zunächst sicher, dass die Räder die Spur halten und das Sägeblatt gleichmäßig und ruhig läuft. Danach sollten Sie Sägeblattspannung einstellen. Zum Schluss müssen noch die Schutzvorrichtungen korrekt eingestellt werden, damit das Sägeblatt ausreichend Führung hat.

1 Trennen Sie die Maschine vom Netz und öffnen Sie die oberen und unteren Klappen. Lösen Sie die Sägeblattführungen oberhalb und unterhalb des Tisches und schieben Sie sie beiseite. Lockern Sie den oberen Sägeblattschutz, sodass das Sägeblatt freiliegt. Lösen Sie die Spannung auf dem oberen Laufrad, damit ist das Sägeblatt gelockert. Heben Sie es vorsichtig von dem Rad, dabei können Sie wenn nötig Handschuhe tragen.

2 Um ein neues Sägeblatt einzusetzen, heben Sie es oben und unten auf die beiden Laufräder. Positionieren Sie es in der Reifenmitte und fügen Sie ein wenig Spannung hinzu, solange bis die Räder greifen.

3 Drehen Sie das obere Laufrad mit der Hand im Uhrzeigersinn und schauen Sie, wie das Sägeblatt läuft. Wenn es in der Mitte bleibt, ist die Spur korrekt. Wenn es nach außen oder innen strebt, sollte die Spur korrigiert werden.

4 Nutzen Sie dafür den Einstellknopf an der Rückseite des oberen Gehäuses. Verstellen Sie die Neigung des oberen Rades, bis das Sägeblatt rund läuft. Anschließend fügen Sie mehr Spannung zu, bis sich das Sägeblatt stabil anfühlt. Das ist der Fall, wenn das Sägeblatt sich mit angebrachten Führungen in der Mitte etwa 6 mm zur Seite drücken lässt. Größere Bandsägen verfügen manchmal auch über eine Sägeblattspannungsanzeige.

5 Das Sägeblatt, mittig auf dem Laufrad.

6 Die Blattspannung testen.

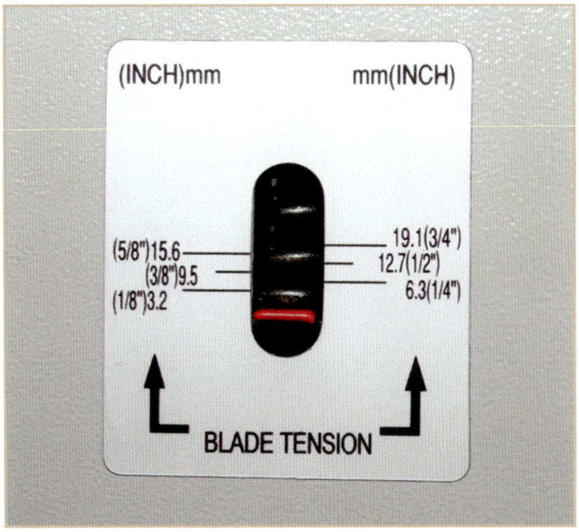

7 Eine Sägeblattspannungsanzeige ist äußerst hilfreich.

8 Nachdem das Sägeblatt richtig eingestellt ist, können Sie die Sägeblattführungen wieder anbringen. Davon gibt es viele verschiede Arten, flache Metallführungen oder auch Rollenlager. Die Einstellung bleibt jedoch gleich. Die seitliche Führung sollte so eingestellt werden, dass die vordere Kante gerade eben unterhalb des Sägeblattkanals abschließt. Und sie sollte so nah wie nur möglich am Sägeblatt verlaufen, ohne es zu berühren.

9 Bei der hinteren Führung handelt es sich um ein Spurlager, das das Sägeblatt beim Sägen vor dem Abrutschen schützt. Auch das sollte so nah wie möglich am Sägeblatt sitzen, tatsächlichen Kontakt zum Sägeblatt sollte es aber nur beim Sägen haben.

10 Wenn Sie mit den Einstellungen zufrieden sind, schließen Sie die Klappen. Lassen Sie die Maschine laufen, um zu prüfen, ob alles korrekt sitzt. Nehmen Sie die Feineinstellungen vor, bis Ihre Säge reibungslos läuft. Prüfen Sie auch die Spannung des Motorantriebriemens. Sie sollten immer mit der höchsten Geschwindigkeitsstufe sägen. Ein zu lockerer Antriebsriemen kann verrutschen, zu fest übt er unnötigen Druck auf die Radlager aus.

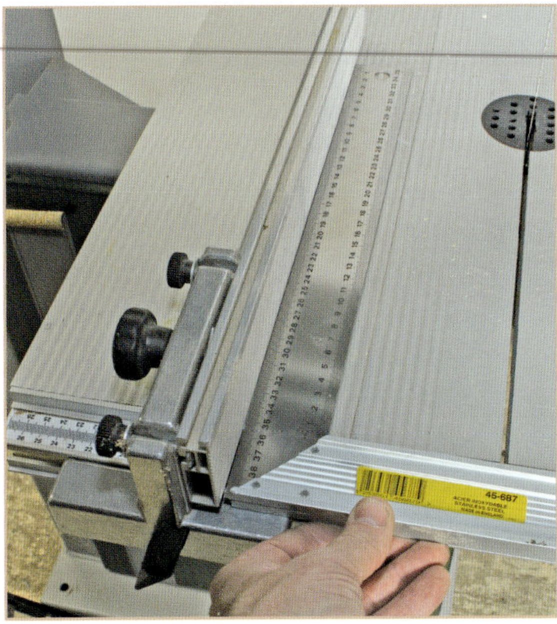

11 Prüfen Sie den korrekten Sitz der Anschläge mit einem Anschlagwinkel.

12 Prüfen Sie auch, ob der Tisch im 90°-Grad-Winkel zur Klinge steht und korrigieren Sie, falls nötig.

Handhabung

Bandsägen sind äußerst angenehm im Gebrauch. Es gibt viele verschiedene Sägeblätter für alle möglichen Anwendungsbereiche. Breite Sägeblätter eignen sich am besten für lange, gerade Schnitte, schmale dagegen für komplizierte Rundungen.

Stellen Sie die obere Schutzvorrichtung so ein, dass das Sägeblatt über dem Werkstück so weit wie möglich bedeckt ist. Das Sägeblatt rückt dadurch auch näher an den Sägepunkt, das verbessert das Arbeitsergebnis. Schalten Sie die Maschine ein und schieben Sie das Holz mit gleichmäßiger Geschwindigkeit – lassen Sie die Maschine die Arbeit machen. Seien Sie vorsichtig bei Rundungen, verdrehen Sie das Sägeblatt nicht zu sehr. Es könnte beschädigt oder von den Laufrädern geschoben werden. Wichtig bei tiefen Schnitten: Stellen Sie die Maschine aus, bevor Sie das Holz wieder zurückziehen, um das Sägeblatt aus der Sägefuge zu befreien. Auch dabei könnte es von den Laufrädern rutschen.

Gelegentlich kommt es vor, dass das Sägeblatt „herumspringt" und akkurates Sägen dadurch erheblich erschwert wird. In dem Fall ist das Sägeblatt abgenutzt oder stumpf, es sollte erneuert werden.

Rundungen an der Bandsäge schneiden

KAPITEL 3

SICHERHEIT UND GESUNDHEIT

Werkstattsicherheit ist enorm wichtig. Der unvorsichtige Einsatz von Handwerkzeug und Maschinen kann jederzeit zu einem Desaster führen, eine schlecht eingerichtete Werkstatt ist ebenfalls gefährlich. Achten Sie stets darauf, mögliche Gefahrenquellen mit etwas Planung und Menschenverstand zu minimieren.

WERKSTATTSICHERHEIT

ELEKTRISCHE SICHERHEIT

Beim Einsatz von Elektrowerkzeug oder Werkstattmaschinen müssen sowohl die Geräte als auch die Stromversorgung sicher sein. Die Verkabelung Ihrer Werkstatt muss den lokalen Anforderungen entsprechen, ebenso sollte sie über alle nötigen Sicherheitssysteme verfügen. Lassen Sie im Zweifel einen professionellen Elektriker alles überprüfen.

Elektrowerkzeug nutzt sich ab, dabei können Mängel entstehen. Bei einer Überprüfung sollte das Hauptaugenmerk auf den Kabeln liegen, sie vertragen nicht viel Beanspruchung und können leicht beschädigt werden. Ständig wird an ihnen gezogen, man tritt darauf oder schneidet sogar hinein. Kabel sollten also, obwohl sie zunächst immer sicher angebracht sind, regelmäßig geprüft und ggf. ersetzt werden. Nutzen Sie niemals ein Elektrowerkzeug mit einem fehlerhaften Kabel. Grundsätzlich gilt: Warten und Pflegen Sie Ihre Werkzeuge und Maschinen. Sorgen Sie dafür, dass alle Sicherungen passen und funktionieren, ersetzen Sie abgenutzte Teile und schärfen Sie regelmäßig alle Klingen und Messer.

ERSTE HILFE

Ein Erste-Hilfe-Kasten mit Pflastern und antiseptischer Salbe gehört in jede Werkstatt. Auch der vorsichtigste Handwerker schneidet sich mal in den Finger oder zieht sich einen Splitter ein. Wunden bluten, und wer möchte schon Blutspuren auf seinem Werkstück?

PERSÖNLICHE SICHERHEIT

Tragen Sie in der Werkstatt immer Schutzkleidung, um Ihre Sicherheit zu gewährleisten.

GEHÖRSCHUTZ

Holzarbeiten können Lärm verursachen, besonders durch den Einsatz von Elektrowerkzeug, z. B. beim Fräsen oder Hobeln. Schützen Sie Ihre Ohren mit einem guten Ohrenschutz oder Ohrstöpseln. Manche Menschen mögen das isolierte Gefühl nicht, das dadurch entsteht. Da hilft ein Gehörschutz mit eingebautem Radio, der sehr angenehm zu tragen ist.

Standardgehörschutz

Gehörschutz mit eingebautem Radio

AUGENSCHUTZ

Selbst mit der allerbesten Schutzvorrichtung kommt es vor, dass durch den Einsatz von Werkzeug oder Maschinen Splitter und Späne hochgeschleudert werden. Elektrische Stichsägen sind besonders problematisch, weil sie das Werkstück von unten bearbeiten und das Sägemehl nach oben, direkt in die Augen befördern. Schützen Sie sich davor mit einer Sicherheitsbrille. Es gibt auch solche, die über einer normalen Sehhilfe getragen werden können. Und damit entfällt jede Entschuldigung, sie nicht tragen zu wollen.

Sicherheitsbrille mit reflektierenden Gläsern

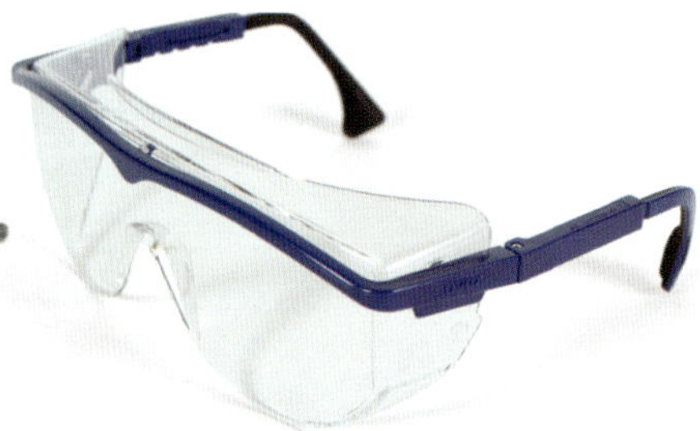

Sicherheitsbrille passend für regulären Sehhilfen

Schutzbrille

ATEMSCHUTZ

Eines der größten Probleme in einer Holzwerkstatt ist Sägemehl. Das verteilt sich nicht nur überall in der Werkstatt, es ist auch gesundheitsschädlich, besonders bei der Verarbeitung von Harthölzern.

Absauganlage

Probleme mit Sägemehl können vermieden werden, indem der Staub gleich beim Entstehen abgesaugt wird. Das muss nicht kompliziert sein. Elektrowerkzeuge wie Fräsen und Schleifmaschinen produzieren immer Staub, deshalb können sie baubedingt häufig direkt an Absauganlagen angeschlossen werden. Dabei handelt es sich um Industriestaubsauger mit speziellen Feinstofffiltern. Oft verfügen diese über eine automatische Umschaltung, d. h. Sie stecken Ihr Elektrowerkzeug in eine Steckdose der Absauganlage und diese schaltet sich automatisch an und wieder aus, wann immer Sie Ihr Werkzeug betätigen.

Größere, feststehende Maschinen benötigen ggf. eine Absauganlage mit einer höheren Abfallkapazität. Viele Werkstätten verfügen über Absauganlagen mit Kanälen zu allen vorhandenen Maschinen, versehen mit Absperreinrichtungen, die direkt den Fluss zu der Maschine in Benutzung steuern. Allerdings ist das eine kostspielige und ggf. unnötige Investition für Heimwerker.

Abzugsvorrichtung für die Werkstatt

Steckdose und automatischer Umschaltkontrolle an einer Abzugsvorrichtung

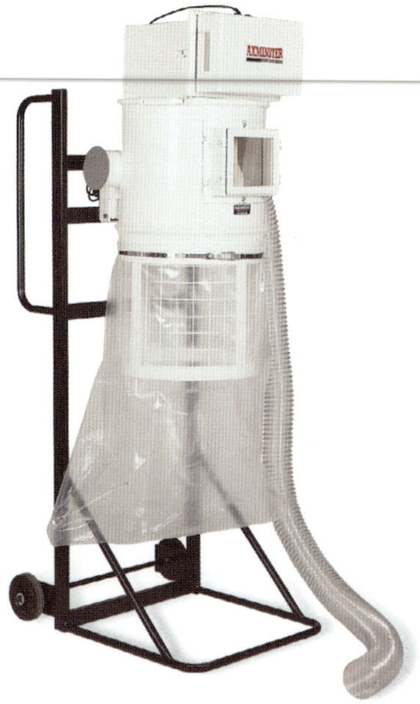

Große Absauganlage für ein Luftkanalsystem verbunden mit den Werkstattmaschinen

Schutzmasken

Auch mit einer guten Absauganlage kommt es vor, dass Sie zusätzlich eine Staubmaske tragen müssen. Besonders gilt das für MDF-Platten, die einen sehr feinen Staub verursachen, ebenso für einige exotische Harthölzer, deren Staub erhebliche Reizungen verursachen kann. Es gibt ein großes Angebot, angefangen von einfachen Wegwerfartikeln bis zu ausgeklügelten Atemmasken mit Motoren, die Ihnen gefilterte Luft ins Gesicht blasen. Es geht darum, das für Sie passende zu finden. Falls Sie z. B. Bartträger sind, werden Sie feststellen, dass manche Masken nicht gut abschließen. Zusammengefasst bedeutet das: Für kurze Einsatzzeiten sind Wegwerfmasken meist mehr als ausreichend.

Atemschutzmaske mit Gesichtsschutz

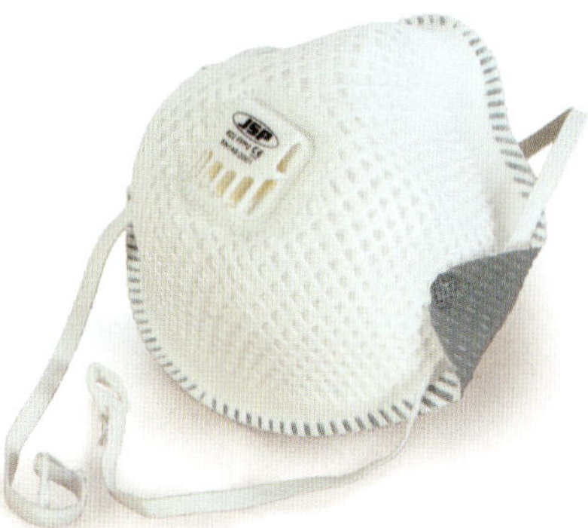

Schutzmaske

Staubschutzmaske mit auswechselbaren Filtern

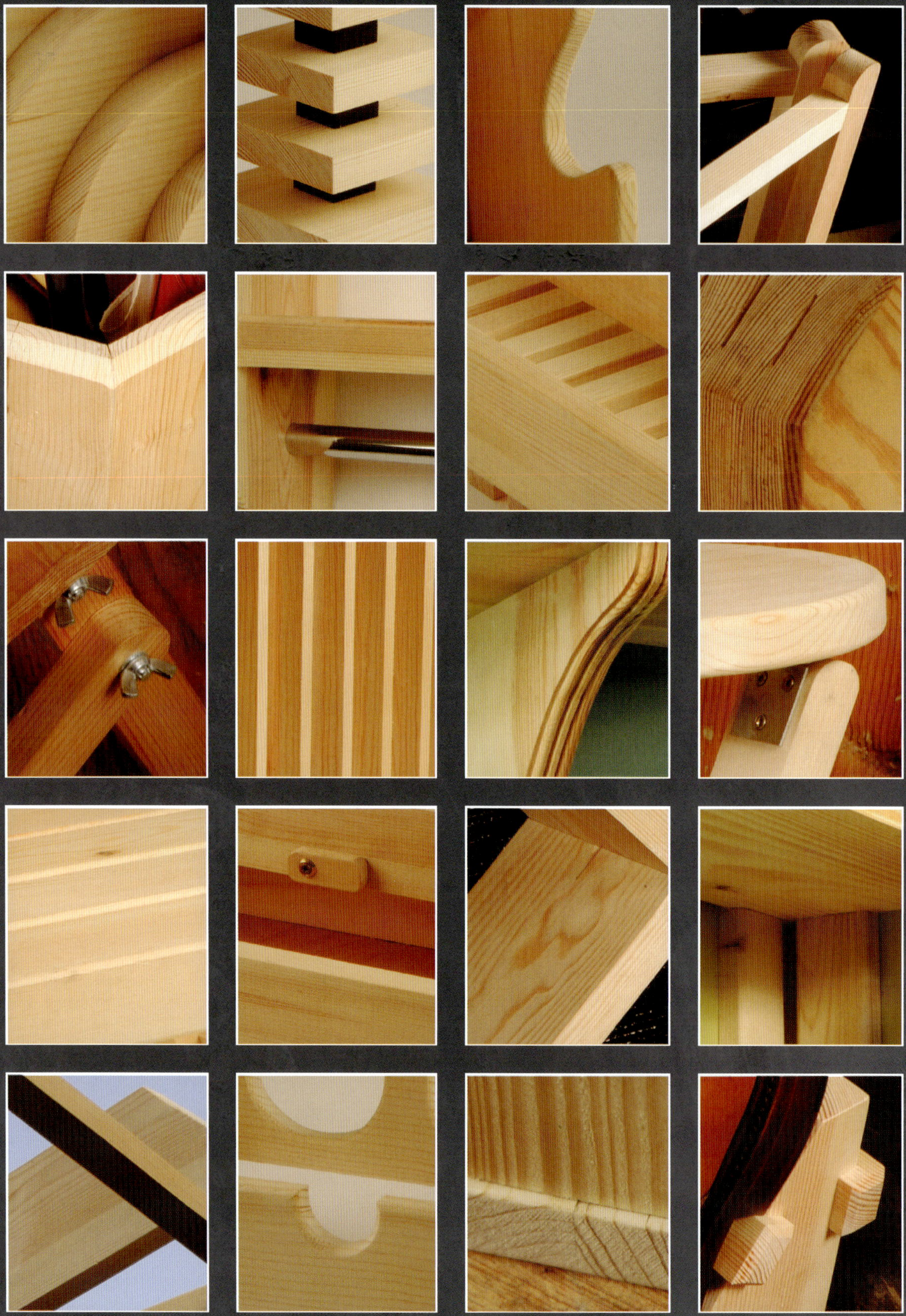

DIE PROJEKTE

BUCHSTÜTZEN

Zwei Buchstützen mit einem Hauch von Art déco, die Sie mit entweder mit Hand- oder mit Elektrowerkzeugen herstellen können. Auch Restholz, wie es in jeder Werkstatt vorhanden ist, kann ohne Weiteres dafür verwendet werden. Wenn die einzelnen Quadranten aus unterschiedlichem Holz gefertigt sind, ergibt das schließlich einen besonderen Effekt.

BUCHSTÜTZEN

• • • BENÖTIGT WERDEN:

- Tisch- oder Handsäge
- Stich- oder Bogensäge
- Frästisch mit geradem Fräsaufsatz
- Zwingen
- Weißleim

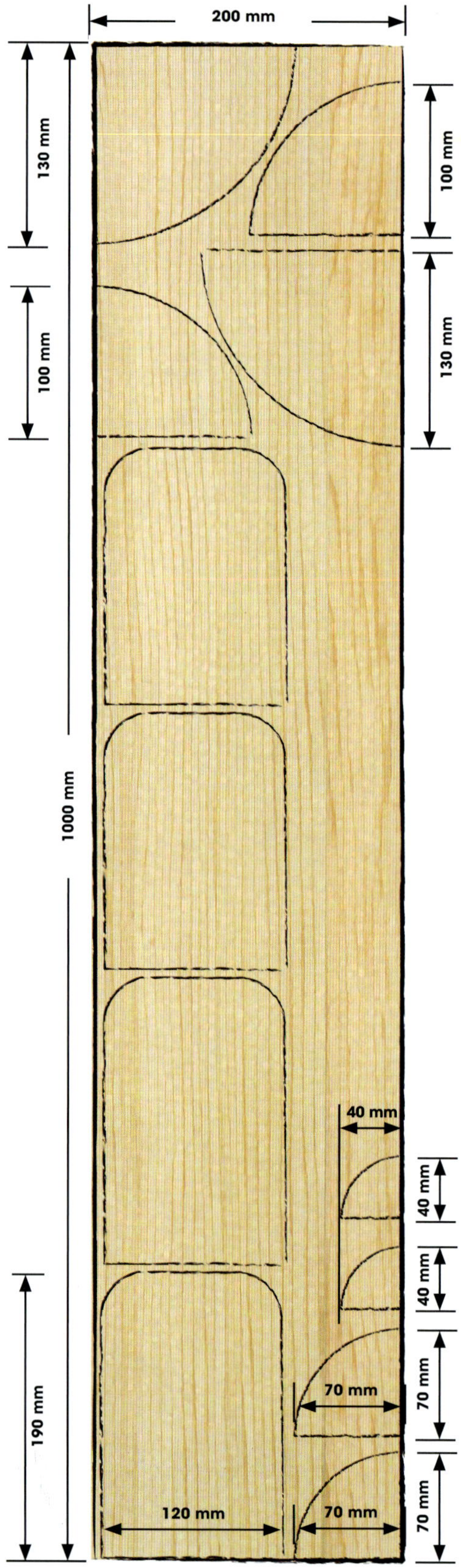

Das Brett wie hier dargestellt markieren.

1 Bereiten Sie Ihr Brett wie auf Seite 19 beschrieben vor. Mit einer Stichsäge können die Quadranten akkurat ausgesägt werden, ebenso gut eignet sich aber auch eine Bogensäge.

2 Die weiteren Bauteile lassen sich zügig mit einer Tischsäge zuschneiden.

3 Spannen Sie die jeweiligen Quadrantenpaare so in einen Schraubstock, dass die rechten Winkel genau aufeinanderliegen. Schleifen Sie die Rundung mit einem Schleifklotz oder einer Schleifmaschine gleichmäßig und glatt.

4 Das senkrechte Bauteil wird in eine Falz in der Basis eingefügt. Stellen Sie dafür das senkrechte Teil bündig auf die Basis. Zeichnen Sie die Materialstärke mit einem Bleistift auf der Basis an.

5 Die Ausschnitttiefe beträgt etwa zwei Drittel der Materialstärke.

6 Eine solche Falz lässt sich leicht einer Oberfräse, versehen mit einem geraden Fräsaufsatz, herstellen (hier im Bild). Natürlich können Sie auch eine Handsäge und ein Stecheisen einsetzen.

7 Die Ecken der Buchstützen werden abgerundet. Suchen Sie nach etwas Rundem, z. B. nach einem Glas, und legen Sie es in die Ecke. Zeichnen Sie die Rundung mit einem Bleistift nach.

8 Ecken lassen sich auf viele verschiedene Arten abrunden. Eine Tellerschleifmaschine eignet sich besonders gut, eine Bandsäge funktioniert aber auch. Wenn Ihr Bandsägeblatt zu breit für enge Kurvenschnitte ist, machen Sie zunächst ein paar Entlastungsschnitte, wie im Bild zu sehen. Die kleinen Verschnittstücke fallen dann während des anschließenden Aussägens einzeln ab. Zuletzt glätten Sie die Rundung mit einem Schleifklotz.

9 Geben Sie Weißleim in die Falz und pressen Sie die Teile mit einer Zwinge zusammen. Achten Sie darauf, dass dabei ein rechter Winkel entsteht.

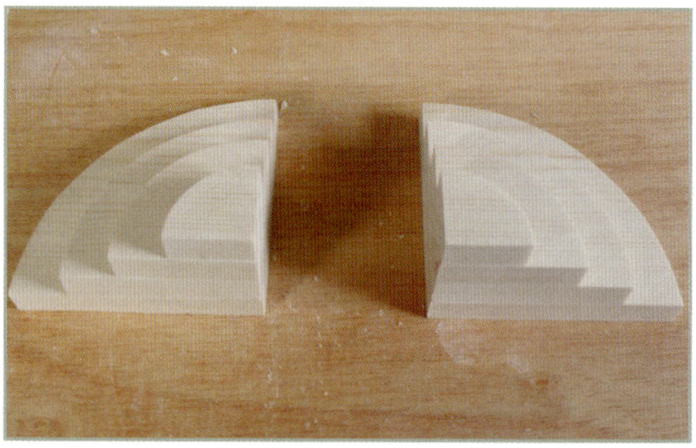

10 Während der Leim trocknet, bauen Sie die Quadranten zusammen. Diese werden in zwei gleichen Stapeln aufeinandergeleimt. Wenn die Winkel der Einzelteile stimmen und die Oberflächen schön glatt sind, streichen Sie ein wenig Weißleim darauf und drücken Sie sie zusammen. Der Einsatz einer Zwinge ist nicht unbedingt erforderlich.

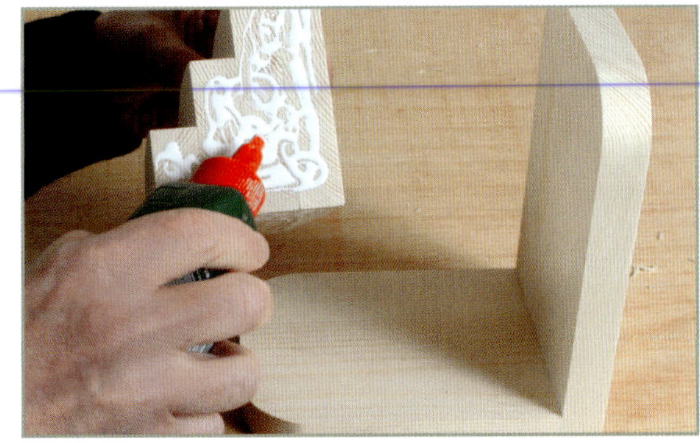

11 Die Buchstützen leimen Sie auf die gleiche Art zusammen. Der Quadrantenstapel sollte dabei im Abstand von zirka 20 mm von der vorderen Kante platziert werden. Schleifen Sie nach dem Trocknen noch alle Kanten und Rundungen mit feinem Schleifpapier nach und behandeln Sie die Oberfläche nach Wunsch.

• • • **BRETT-PROJEKTE-TIPP:**

Denken Sie beim Ausfräsen der Falz daran, nicht einem tiefen, sondern mehrere flache Durchgänge hintereinander durchzuführen.

So sollten Ihre fertigen Buchstützen aussehen

PRÄSENTATIONSREGALE

Zwei einfache und doch elegante Präsentationsregale, für deren Fertigstellung Sie viele Rundungen sägen und einige Verzierungen anbringen werden. Dafür sollten Sie am besten einen Frästisch zur Verfügung haben. Die Verzierungen sind natürlich nur Dekoration, Sie können sie auch weglassen. Die Rundungen dagegen sollten alle gleichmäßig sein und die Kanten gut geglättet.

PRÄSENTATIONS-REGAL

BENÖTIGT WERDEN:

- Stich-, Band- oder Bogensäge
- Walzenschleifer
- Frästisch mit profilierten Fräsern
- Schraubendreher
- Spiegelhaken
- Holzpaste

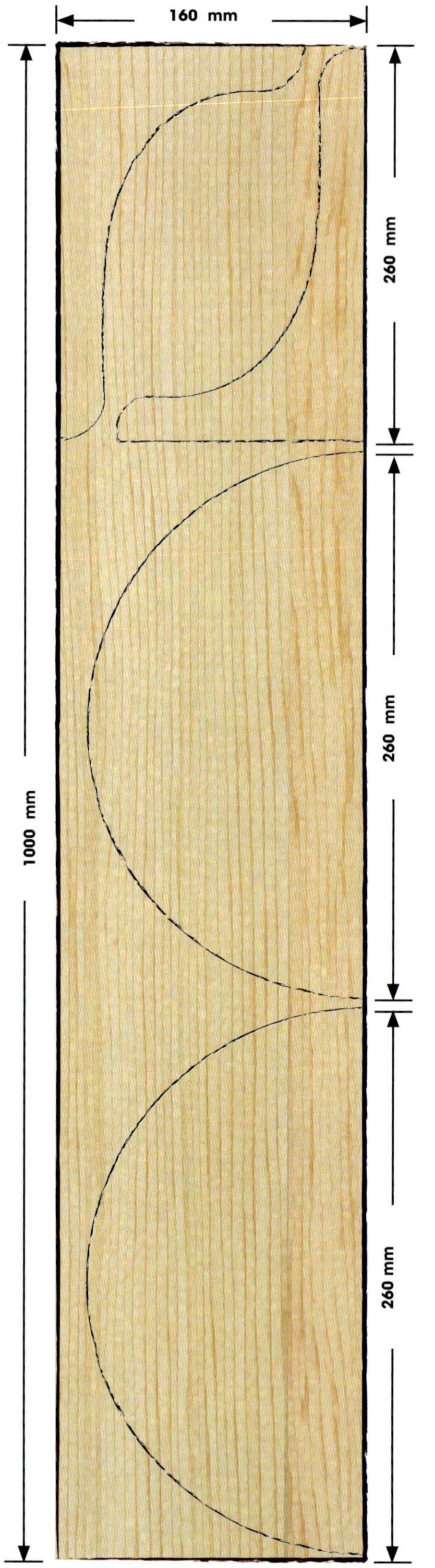

Das Brett wie hier dargestellt markieren, der Plan zeigt die benötigten Bauteile für zwei Präsentationsregale.

1 Bereiten Sie Ihr Brett wie auf Seite 19 beschrieben vor. Um den großen Halbkreis zu zeichnen, nutzen Sie am besten eine dünne Latte mit einem Loch für den Bleistift und einem für eine Schraube im Kreismittelpunkt. Markieren Sie zwei Halbkreise, aber nur eine Stütze. Den Bogen zeichnen Sie freihändig und mit Schwung. Lassen Sie sich Zeit, bis Sie mit der Form zufrieden sind.

2 Sägen Sie die Regalflächen mit einer Stich- oder Bandsäge aus, auch eine Bogensäge eignet sich dafür gut.

3 Sägen Sie die Stütze aus. Setzen Sie ein paar Entlastungsschnitte, falls Sie eine Bandsäge nutzen, damit der Verschnitt einzeln abfallen kann. Das Sägeblatt könnte sonst verbogen werden, besonders wenn es eher breit ist.

4 Glätten Sie die innere Rundung der Stütze, am besten mit einem Walzenschleifer.

5 Anschließend nutzen Sie die fertige Stütze als Vorlage für die zweite Stütze.

6 Es gibt verschiedene Wege, um identische Bauteile herzustellen. In diesem Fall sind beide Regalflächen so in einen Schraubstock gespannt, dass sie zusammen gehobelt oder geschliffen werden können.

7 Es kann auch ein Bauteil als Muster für ein weiteres benutzt werden. Hier ist die fertige Stütze mit Klebeband an der noch unfertigen befestigt.

8 Mit einem kugelgelagerten Bündigfräser wird die zweite, noch unfertige Stütze in Form gebracht. Dabei läuft das Kugellager an der bereits fertiggestellten Stütze entlang.

9 Mit einem Bündigfräser werden auch die Verzierungen an den Kanten angebracht, in diesem Fall mit einem Karniesfräser.

10 Das fertige Profil.

11 Ein Abrundfräser ist bei Verzierungen sehr hilfreich, damit können Sie Rundungen an allen Kanten der Stützen anbringen.

12 Führen Sie an jeder Seite je einen Durchgang durch.

13 Anschließend wird das Regal zusammengebaut. Messen Sie die Mitte der Regalfläche aus und zeichnen Sie diese an der Unterseite an.

14 Bohren Sie zwei 4 mm-Löcher genau durch die Linie in die Unterseite. Drehen Sie die Regalfläche um und bearbeiten Sie die Bohrlöcher mit einem Versenkbohrer.

15 Spannen Sie einen Träger in einen Schraubstock, setzen Sie die Regalfläche entlang der Markierung darauf und verschrauben Sie sie.

16 Füllen Sie die beiden Schraublöcher mit Holzkitt und schleifen Sie die Stellen nach dem Trocknen schön glatt.

17 Zum Aufhängen der Präsentationsregale eignen sich je zwei Bilderhaken. Stemmen Sie mit dem Stecheisen entsprechende Aussparungen in die Rückseite, damit die Haken nicht überstehen. Dann schrauben Sie sie an.

So sollten Ihre fertigen Präsentationsregale aussehen

SPIELZEUG-SCHAUKELSTUHL

Ein schicker kleiner Schaukelstuhl passend für einen Teddybären oder die Lieblingspuppe. Natürlich können die Dimensionen entsprechend anpasst werden, dass er sich auch für Kinder eignet. Die eigentliche Herausforderung bei der Umsetzung liegt im Aussägen der geschwungenen Seitenteile. Nehmen Sie sich ein Stück Papier und experimentieren Sie darauf mit Kurven und Kreisen, um sich einzuschwingen. Wenn Ihnen eine der Formen zusagt, können Sie diese einfach auf das Holz übertragen. Bekritzeln Sie die Rückseite des Papiers, legen Sie es dann auf das Holz und zeichnen Sie Ihre Lieblingsform sorgfältig nach.

SPIELZEUG-SCHAUKEL-STUHL

BENÖTIGT WERDEN:

- Tisch- oder Handsäge
- Stich- oder Bogensäge
- Walzenschleifer
- Schwingschleifer
- Frästisch
- Nutfräse
- Weißleim
- Zwingen
- Bohrer
- Schraubendreher
- Vorrichtung für Sacklochbohrungen
- Hirnholzhobel

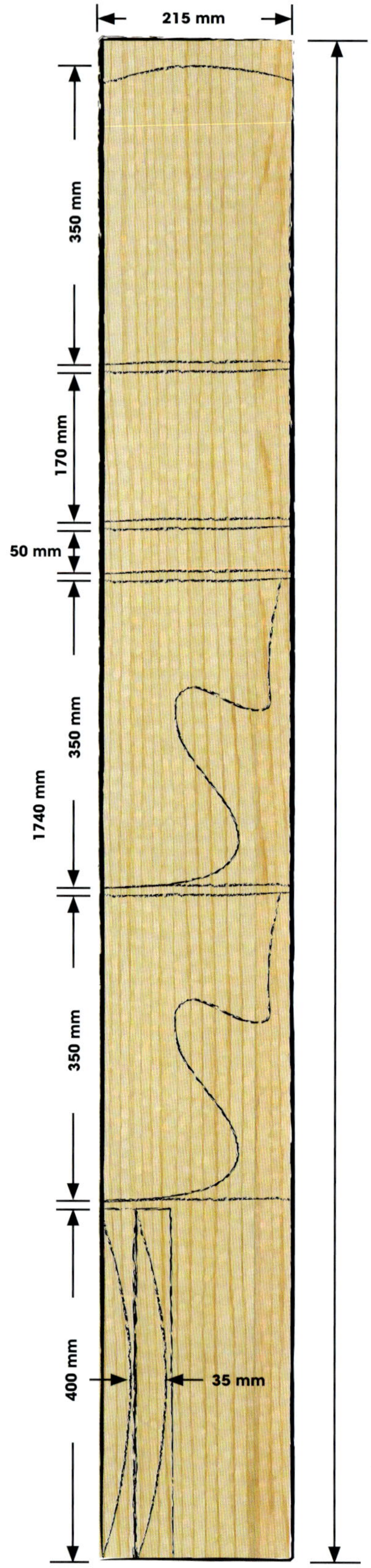

Das Brett wie hier dargestellt markieren

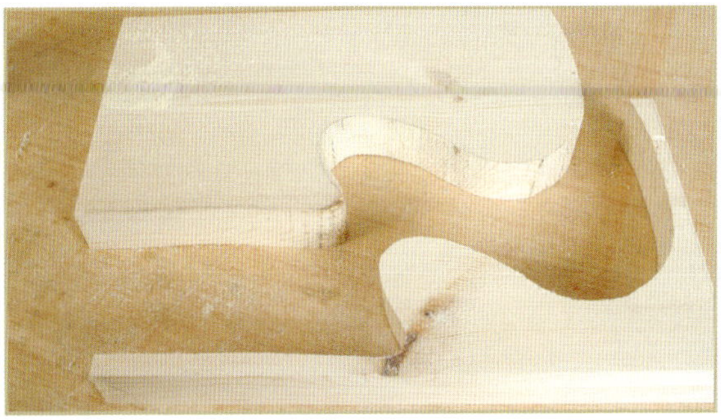

1 Bereiten Sie Ihr Brett wie auf Seite 19 beschrieben vor. Wenn das Holz zugeschnitten ist, spannen Sie die Seitenteile mit einer Zwinge zusammen und sägen Sie die Rundung mit einer Stich- oder Bogensäge aus.

2 Kompletter Schnitt.

3 Anschließend sollte die Schnittkante geglättet werden, am besten geeignet für Innenbögen ist ein Walzenschleifer.

4 Nehmen Sie einen Schwingschleifer für die Außenbögen.

5 Der Stuhl wird leicht schräg auf den Schaukelelementen angebracht. Zeichnen Sie dafür die Stelle 25 mm oberhalb der hinteren Ecke an und ziehen Sie von da aus eine Linie zur vorderen Ecke.

6 Sägen Sie beide Teile, indem Sie sie mithilfe der entsprechend ausgerichteten Anschläge auf einer Tischsäge übereinanderlegen. Sie können Sie natürlich auch separat mit einer Handsäge schneiden.

7 Die Rundung der Schaukelelemente hat einen Radius von 620 mm. Schlagen Sie einen Nagel in Ihre Werkbank, um diesen Bogen mit einem langen Brett oder einer Schnur zu zeichnen.

8 Schneiden Sie das Rückenstück grob zu und markieren Sie auch hier eine Rundung an das obere Ende. Dafür zeichnen Sie an beiden Seiten die Stelle 25 mm von oben an. Nutzen Sie wieder eine Schnur, um die Rundung zu zeichnen. Die sollte in der Mitte des Brettes fixiert sein und genau von Punkt zu Punkt führen.

9 Sägen Sie die Schaukelelemente mit einer Stich- oder Bandsäge (hier im Bild) aus.

10 Spannen Sie die Schaukelelemente zusammen, um sie mit einer Bandschleifmaschine zu glätten.

11 Die Enden bringen Sie am besten mit einer Tellerschleifmaschine in Form.

12 Schneiden Sie die Rundung am oberen Ende des Rückenteils mit einer Bandsäge.

13 Alle Bauteile, auch der Sitz und die Frontschürze, sind jetzt fertig geschnitten. Damit ist der Stuhl bereit für den Zusammenbau.

14 Bevor Sie mit dem Zusammenbau beginnen, sollten alle Kanten der Hauptbauteile noch einmal abgerundet werden. Dafür können Sie einen Frästisch, ausgestattet mit einem Bündnisfräser einsetzen.

15 Führen Sie den Fräsaufsatz vorsichtig an den vorderen Kanten entlang, außerdem am oberen Ende des Rückenteils, an der Vorderseite des Sitzes und an der Unterkante der Frontschürze.

16 Das Rückenteil und die Seiten werden mithilfe von Flachdübeln miteinander verbunden. Zeichnen Sie zunächst die Positionen dafür an.

17 Schneiden Sie die Schlitze mit einer Nutfräse.

18 Geben Sie etwas Weißleim in die Schlitze und schieben Sie die Flachdübel hinein. Geben Sie Weißleim auch in die Schlitze des Gegenstücks.

19 Montieren Sie Rückenteil und Seitenteile zusammen und spannen Sie alles mithilfe von Zwingen zusammen, bis der Leim trocken ist.

20 Auch die Frontschürze wird mit Flachdübeln an der Unterseite des Sitzes angebracht. Versetzen Sie die Schürze zirka 6 mm nach hinten, und nutzen Sie zur Befestigung Weißleim und Zwingen.

21 Der Sitz wird mit zwei Sacklochschrauben befestigt. Um die beiden Löcher zu bohren, benötigen Sie eine Vorrichtung.

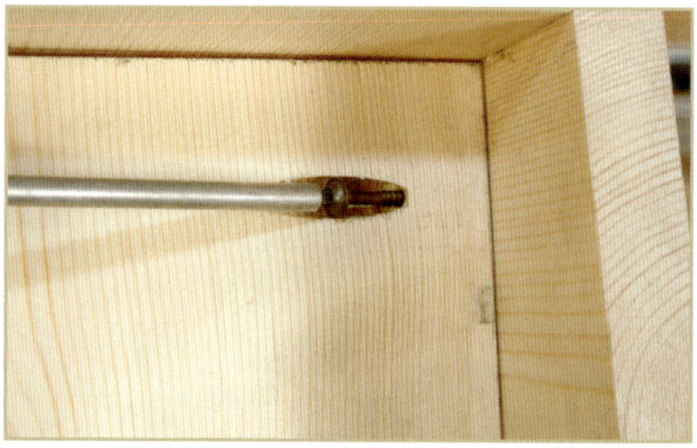

22 Schieben Sie den Sitz in Position und drehen Sie die Schrauben ein.

23 Zuletzt werden noch die Schaukelelemente mit Flachdübeln befestigt. Bringen Sie zunächst eine feine Schräge am unteren Ende der Seitenteile an, um eine schöne, gerade Schattenlinie zu erhalten. Dasselbe können Sie auch am äußeren Ende der Schaukelelemente tun.

24 Zeichnen Sie die Positionen der Flachdübel an den Seiten und den Schaukelelementen an, schneiden Sie anschließend die Schlitze.

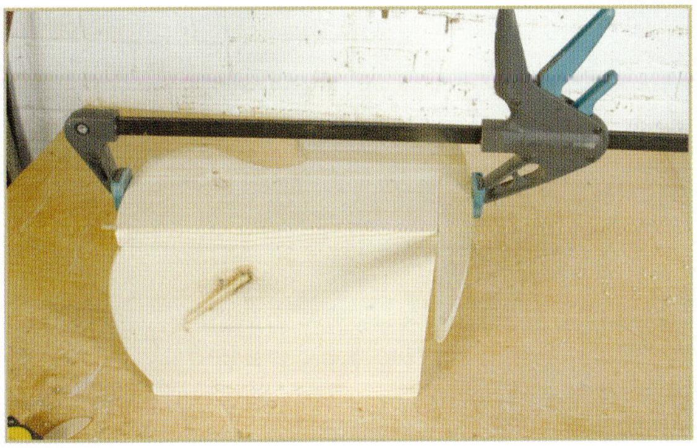

25 Geben Sie Weißleim in die Schlitze und fügen Sie alles zusammen, setzen Sie zuletzt auch Zwingen ein.

26 Schleifen Sie noch einmal vorsichtig alle groben Stellen und kleinen Fehler mit der Hand. Dann ist der Schaukelstuhl fertig.

So sollte Ihr fertiger Schaukelstuhl aussehen

MESSERBLOCK

Küchenmesser einerseits sicher, gleichzeitig aber auch griffbereit aufzubewahren, ist eine Herausforderung. Für die Lösung dieses Problems eigenen sich Messerblöcke, wie sie oft nur zusammen mit exklusiven Messersets angeboten werden. Dabei sind sie leicht herzustellen und können ohne Probleme an Ihre persönliche Messerkollektion anpasst werden.

MESSERBLOCK

BENÖTIGT WERDEN:

- Tisch- oder Handsäge
- Putzhobel
- Hirnholzhobel
- Zwingen
- Oberfräse mit geradem Fräsaufsatz und Abrundfräser (optional)
- Weißleim
- Schleifmaschine

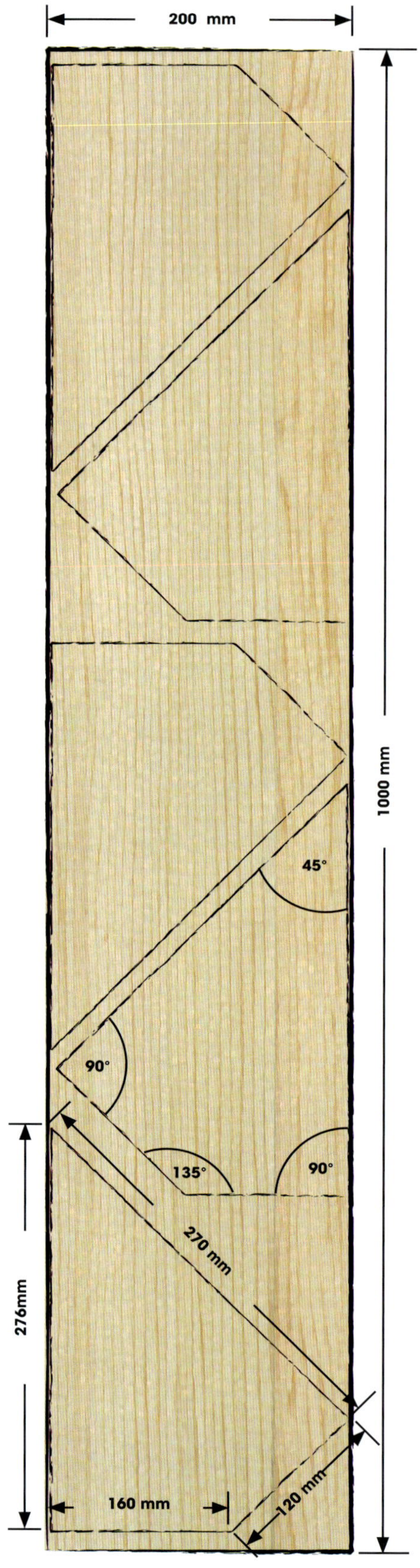

Das Brett wie hier dargestellt markieren

1 Bereiten Sie Ihr Brett wie auf Seite 19 beschrieben vor. Schneiden Sie die Bauteile mit einer Tisch- oder Handsäge aus, dabei werden zwangsläufig leichte Unebenheiten entstehen. Spannen Sie die Teile in einen Schraubstock und bearbeiten Sie sie mit einem Putzhobel.

2 Natürlich nehmen Sie einen Hirnholzhobel für die Hirnholzstellen.

3 Stellen Sie sie Bauteile zusammen und zeichnen Sie ein „V" auf die Vorderseite. So können Sie sie am Ende wieder exakt zusammenfügen.

4 Markieren Sie mit einem Bleistift die Positionen der Messer, die Sie in Ihrem Messerblock aufbewahren möchten. Lassen Sie genug Spiel, damit die Messer am Ende locker genug sitzen. Beginnen Sie mit dem äußersten Bauteil.

5 Legen Sie dann das nächste Teil darauf und wiederholen Sie den Vorgang.

6 Fahren Sie auf die Art fort, bis der Messerblock komplett ist.

7 Verlängern Sie die Bleistiftlinien mit einem Lineal und markieren Sie die Bereiche, die ausgeschnitten werden sollen. Ungewöhnlich geformte Bauteile sind mit einer Zwinge schwer zu befestigen. Legen Sie deshalb eines davon so auf Ihre Werkbank, dass es ein wenig übersteht. Nehmen Sie Restholzstücke und nageln Sie sie vorübergehend an Ihre Werkbank, um damit Ihre Bauteile zu fixieren.

8 Setzen Sie einen geraden Fräsaufsatz in Ihre Oberfräse. Stellen Sie die Schnitttiefe ein, indem Sie den Fräser auf einer ebenen Fläche aufsetzen. Dann klemmen Sie eines der Messer locker zwischen Tiefenanschlag und Revolver. Verriegeln Sie den Tiefenanschlag in dieser Position.

9 Passen Sie den seitlichen Anschlag der Fräse jeweils an das vordere Ende der Bauteile an, um die Messerschlitze korrekt auszufräsen.

10 Geben Sie Weißleim auf die Bauteile, lassen Sie aber die Messerschlitze dabei aus.

11 Nutzen Sie die V-Markierung, um Ihren Messerblock in der richtigen Reihenfolge zusammensetzen. Verspannen Sie ihn fest mit Schraubzwingen, und lassen Sie alles über Nacht so stehen.

12 Wenn der Block gut getrocknet ist, glätten Sie ihn mit einer Schleifmaschine.

13 Runden Sie auch alle Kanten ab, am besten mit einem Bündnisfräser. Eine Fräsmatte auf Ihrer Werkbank sollte Ihren Messerblock dabei sicher halten. Natürlich können Sie die Kanten auch mit einem Elektroschleifer bearbeiten.

• • • BRETT-PROJEKTE-TIPP:

Ein Messerblock wird häufig nass und schmutzig, Sie sollten ihm daher einige Lagen Lack oder Öl gönnen. Außerdem schützt eine gummierte Unterseite an Ihrem Messerblock Ihre Küchenarbeitsfläche.

So sollte Ihr fertiger Messerblock aussehen

SCHIRMSTÄNDER

Früher gab es kaum eine Diele ohne Schirmständer. Häufig handelte es sich um ein dekoratives Objekt, das neben Schirmen auch Spazierstöcke und andere interessante Gegenstände beinhaltete. Mit einfachen Mitteln können Sie diesen sechseckigen Schirmständer selber herstellen. Um die 60°-Winkel exakt schneiden zu können, sollten Sie am besten eine Tischsäge einsetzen. Natürlich ist es auch möglich, alles per Hand auszuschneiden und die Verbindungen mit einem Hobel winklig anzupassen.

SCHIRM-STÄNDER

BENÖTIGT WERDEN:

- Tisch- oder Handsäge
- Nutfräse
- Flachdübel
- Bandzwingen
- Oberfräse
- Band-, Stich- oder Bogensäge
- Bohrer
- Schraubendreher
- Weißleim

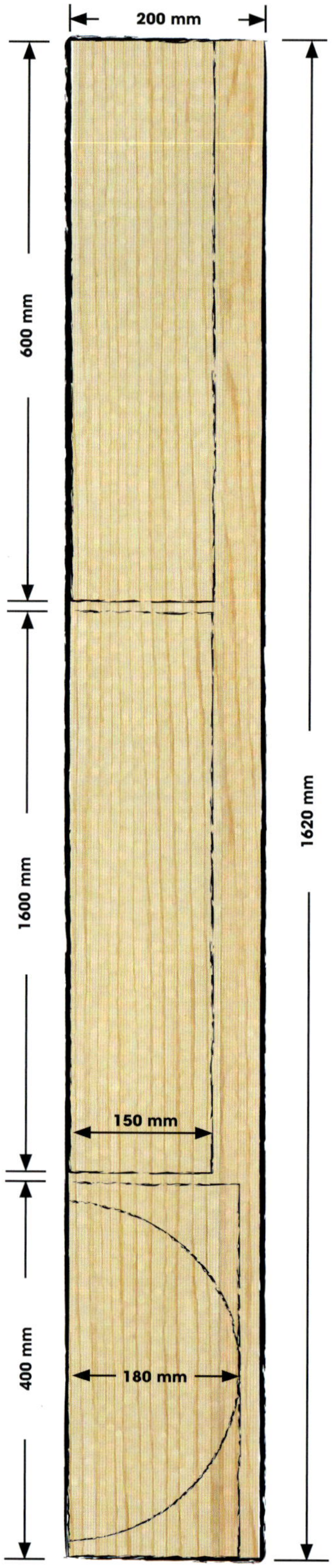

Das Brett wie hier dargestellt, aber in doppelter Ausführung markieren. Das Brett muss lang genug sein, um zwei dieser Schablonen aufnehmen zu können.

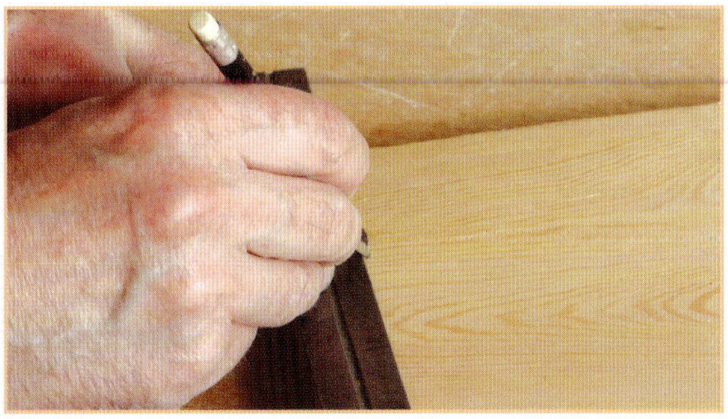

1 Bereiten Sie Ihr Brett wie auf Seite 19 beschrieben vor. Nach dem Zuschnitt müssen Sie die Sägekanten beidseitig auf einen Winkel von 60° bringen. Das muss möglichst genau ausgeführt werden, da sich jede noch so kleine Abweichung über sechs Ecken ziemlich verstärken kann. Am einfachsten lässt sich der Sägewinkel mit einem Winkelmesser und einer Schmiege einstellen. Es gibt auch eine Methode ohne Winkelmesser. Nehmen Sie ein Stück Verschnittholz und zeichnen Sie eine Parallele zu der kurzen Seite darauf.

2 Stellen Sie dann einen Zirkel auf etwa drei Viertel der gerade gezeichneten Linie ein und zeichnen Sie damit einen Bogen auf die Linie und einen darüber.

3 Stechen Sie den Zirkel mit unveränderter Einstellung in den Punkt, wo Linie und erster Bogen sich schneiden. Zeichnen Sie einen Bogen an das andere Ende der Linie und einen weiteren, der den oberen Bogen schneidet.

4 Verbinden Sie die drei Punkte mithilfe eines Lineals. Sie erhalten ein gleichseitiges Dreieck, dessen Innenwinkel exakt 60° betragen.

.

5 Stellen Sie die Schmiege anhand dieses Dreiecks ein.

6 Stellen Sie mithilfe der Schmiege das Sägeblatt auf den korrekten Winkel ein.

7 Stellen Sie den Anschlag großzügig ein und schneiden Sie das erste Brett. Das ist nötig, weil Sie auch noch die andere Kante schneiden werden. Damit der Winkelschnitt dort gelingt, brauchen Sie etwas Extramaterial.

8 Stellen Sie nun den Anschlag auf die exakte Breite, drehen Sie das Brett um und schneiden Sie die andere Kante. Wiederholen Sie diesen Vorgang an allen sechs Brettern.

9 Legen Sie die fertig gesägten Bretter mit den Kanten aneinander auf die Werkbank, dabei sollen die Außenseiten nach unten zeigen und Enden ausgerichteten sein. Zeichnen Sie zwei horizontale Linien, je 75 mm von unten und von oben, für die Platzierung der Flachdübel.

10 Schneiden Sie in derselben Position – Außenseite nach unten – an den Linienenden die Schlitze für die Flachdübel.

11 Geben Sie ausreichend Weißleim an die Kanten und in die Schlitze. Stecken Sie Flachdübel in die Schlitze und beginnen Sie mit dem Zusammenbau.

12 Stellen Sie zunächst zwei Hälften fertig.

13 Setzen Sie die beiden Hälften zusammen.

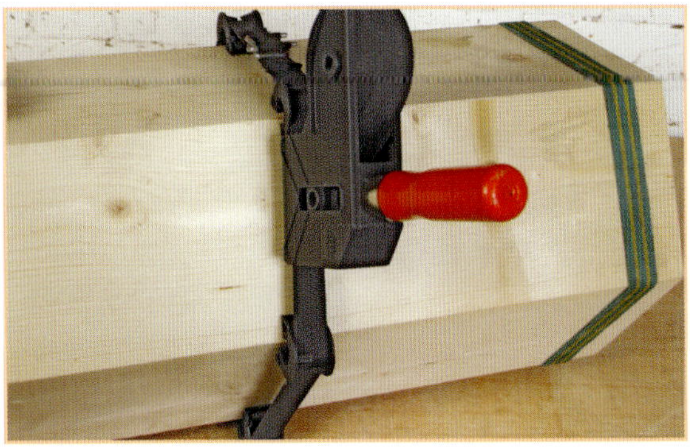

14 Runde Formen sind schwer zu fixieren, am besten funktioniert es mit Bandzwingen oder Gepäckgurten. Wickeln Sie sie eng um die Bretter. Stellen Sie sicher, dass alle Verbindungen eng aneinander liegen und die Form winklig ist. Lassen Sie es so, bis der Leim getrocknet ist.

15 Nach Entfernung der Gurte sind alle Ecken noch recht scharfkantig, also hobeln Sie sie ein wenig glatt.

16 Setzen Sie eine Oberfräse mit Fasenfräser ein, um eine Fase an das obere Ende des Schirmständers zu schneiden. Wenn Sie keine Fräse besitzen, können Sie auch einen Hirnholzhobel benutzen.

17 Legen Sie den Schirmständer auf die Seite und schieben Sie die Fräse vorsichtig an dessen oberen Ende entlang.

18 Der Schirmständerfuß wird aus zwei zusammengefügten Brettern hergestellt. Dafür können Sie Flachdübel verwenden, es ist aber nicht wirklich nötig. Stellen Sie nur sicher, dass die beiden Seiten lückenlos zusammenpassen.

19 Spannen Sie die Bretter mit zwei Zwingen fest zusammen, bis der Leim getrocknet ist.

20 Zeichnen Sie die Form des Fußes auf das Brett. Hier handelt es sich um eine Kreisfläche mit einem Durchmesser von 360 mm, eine Sechseckform würde sich aber auch eignen.

21 Sägen Sie den Kreis mit einer Band-, Stich- oder Bogensäge aus.

22 Bringen Sie eine Fase an dem Fuß an. Setzen Sie dafür denselben Fräsaufsatz ein, mit dem Sie das obere Ende des Schirmständers bearbeitet haben. Mit einer Verlängerung der Fräsenbasis ist die Oberfräse übrigens leichter zu kontrollieren.

23 Stellen Sie den Schirmständerkörper mittig auf den Fuß, messen Sie dafür jeweils vom Rand bis zu den Ecken des Körpers.

24 Zeichnen Sie die finale Position außen und innen an.

25 Nehmen Sie den Körper herunter und bohren Sie je ein Durchgangsloch an die Stelle, wo die Mitte der Bretter auf den Fuß trifft.

26 Bearbeiten Sie die Löcher an der Unterseite mit einem Versenkbohrer. Stellen Sie alles auf den Kopf und bringen Sie den Fuß anhand der Linien in seine endgültige Position. Drehen Sie zuletzt die sechs Befestigungsschrauben ein.

So sollte Ihr fertiger Schirmständer aussehen

KÜCHENREGAL

In Küchen braucht man viel Stauraum. Zum Glück gibt es Ecken und Winkel, in die leicht Regale eingepasst werden können. Dieses an sich schlicht gestaltete Regal bietet zusätzlich eine Handtuchstange, und es kann für Geschirr oder auch als Gewürzregal genutzt werden. Die Regalbretter haben vorn eine Abschlusskante, sodass nichts herunterrutschen kann, und eine Chromstange dient als Handtuchhalter. Ein Rundholz ist aber ebenso geeignet.

KÜCHEN-REGAL

BENÖTIGT WERDEN:

- Tisch- oder Handsäge
- Oberfräse mit geradem Fräsaufsatz
- Frästisch
- Stich- oder Bogensäge
- Tellerschleifer
- Zwingen
- Chromstange oder Rundholz
- Spiegelhaken
- Weißleim

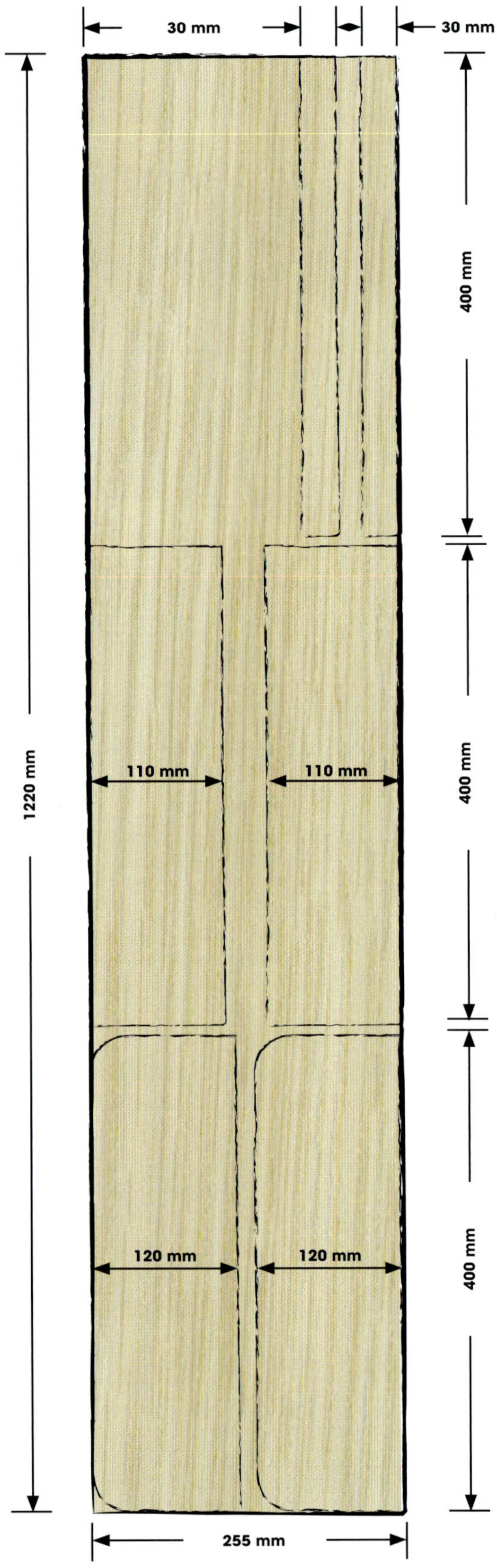

Das Brett wie hier dargestellt markieren

1 Bereiten Sie Ihr Brett wie auf Seite 19 beschrieben vor. Zeichnen Sie die Bauteile auf Ihrem Brett an, beide Seiten sowie die Regalbretter haben dieselbe Länge.

2 Die Regalbretter sind aber schmaler als die Seiten, schneiden Sie deshalb noch einmal 10 mm ab. Sägen Sie außerdem die beiden vorderen Abschlusskanten zu, kürzen Sie sie aber erst später auf die richtige Länge.

3 Legen Sie ein Regalbrett so auf eines der Seitenteile, dass es hinten bündig abschließt, und zeichnen Sie die Bretttiefe an. Wiederholen Sie dasselbe auf dem zweiten Seitenteil.

4 Zeichnen Sie die Position der Regalbretter mit je einer Linie an. Diese werden in einem Abstand von je 10 mm vom Ende der Seitenteile angebracht. Markieren Sie auch die Seite der Linie, an der die Aussparung angebracht werden soll, damit Sie nicht versehentlich die falsche bearbeiten. Legen Sie beide Seitenteile Rücken an Rücken auf die Werkbank, sodass sich die Markierungen der Bretttiefe außen befinden und sie aneinander ausgerichtet sind. Legen Sie ein Brett über das Ende.

5 Das Brett dient als Führung für die Oberfräse, wenn Sie die Aussparungen schneiden. Setzen Sie einen 12,5 mm starken geraden Fräsaufsatz ein und stellen Sie ihn auf eine Tiefe von 6 mm. Spannen Sie das Brett fest über die Seitenteile, damit die Fräse exakt an der markierten Linie entlang geführt werden kann. Schneiden Sie vorsichtig die Aussparungen, achten Sie dabei auf die Endmarkierungen. Arbeiten Sie von rechts nach links und wiederholen Sie den Vorgang für das zweite Regalbrett.

6 Das Ende der Aussparungen muss winklig sein, nutzen Sie dafür ein Stecheisen.

7 Die Enden der Seitenteile werden abgerundet, dafür eignet sich irgendein rundes Objekt als Schablone.

8 Schneiden Sie die Ecken mit einer Stich- oder Bogensäge (hier im Bild).

9 Glätten Sie die Rundung mit einer Tellerschleifmaschine.

10 Für die Handtuchstange bohren Sie je ein Loch unten in die Seitenteile. Bohren Sie aber nicht durch das Holz. Zeichnen Sie zunächst die Position ein, 50 mm von hinten und 50 mm von unten.

11 Da die Seitenteile recht dünn sind, benutzen Sie zum Bohren besser die Oberfräse als einen Flachbohrer. Setzen Sie einen Fräser entsprechend Ihrer Handtuchstange ein (hier 20 mm). Stellen Sie die Schnitttiefe auf 6 mm und die seitlichen Anschläge auf 50 mm gemessen von der Fräsaufsatzmitte ein. Setzen Sie die Fräse auf das Seitenteil und befestigen Sie sie mit einer Zwinge, damit Sie beim Bohren nicht verrutscht.

12 Die vorderen Kanten der Seitenteile und die Oberseite der Regalbrettkanten werden abgerundet. Setzen Sie dafür einen kugellagergeführten Fräsaufsatz in Ihren Frästisch ein.

13 Stellen Sie die Führung bündig zu dem Lager ein.

14 Runden Sie vorsichtig die Vorder-, Ober- und Unterkanten beider Seitenteile ab.

15 Runden Sie auch die Oberseite der Regalbrettkanten.

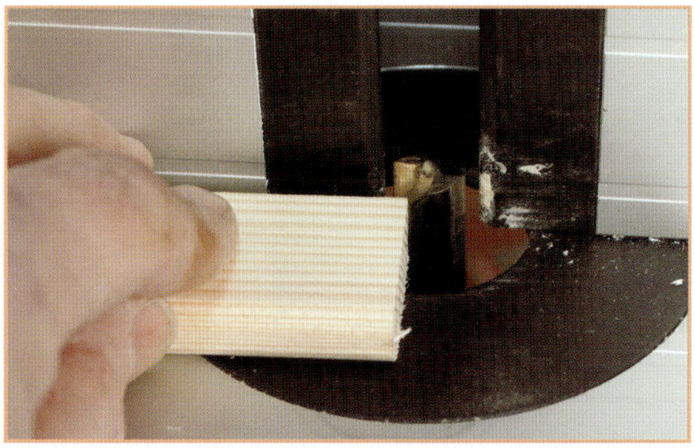

16 Es empfiehlt sich, eine Falz an der Hinterseite der Regalbrettkanten anzubringen, damit lassen sie sich leichter und sauberer einpassen. Setzen Sie einen geraden Fräsaufsatz in Ihren Frästisch und stellen Sie die Höhe auf die Dicke des Holzes ein.

17 Richten Sie die Führung so ein, dass der Fräser eine 6 mm tiefe Falz schneidet.

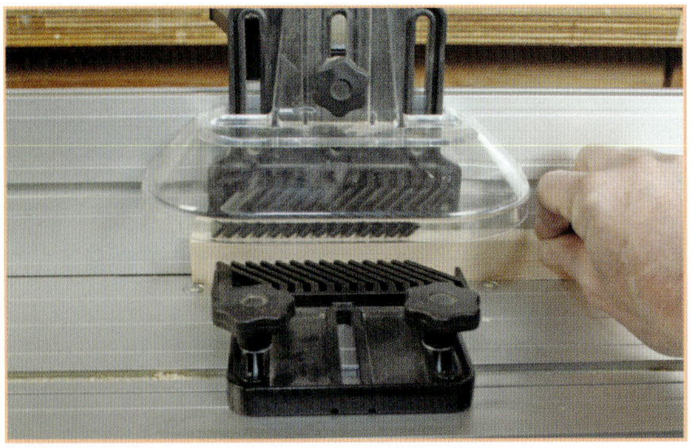

18 Dieser Schnitt ist schwer auszuführen, weil es ein so kleines Bauteil ist. Mithilfe von Federklemmen lässt es sich sicher an der Fräse entlangschieben.

19 Stellen Sie sicher, dass alles gut zusammenpasst, indem Sie es zunächst ohne Leim zusammensetzen. Die Handtuchstange sollte dieselbe Länge wie die Regalbretter haben. Spannen Sie alles mit Zwingen zusammen, und prüfen Sie dann die Winkel, indem Sie die Diagonalen vergleichen.

20 Die Diagonalen sollten identisch sein. Falls das nicht der Fall ist, lösen Sie die Zwingen und schieben Sie alles zurecht, bis es stimmt.

21 Legen Sie die Abschlusskanten oben auf und markieren Sie die richtige Länge, anschließend schneiden Sie sie zu.

22 Bauen Sie alles wieder auseinander, geben Sie Weißleim in die Aussparungen, dann leimen Sie die Abschlusskanten an.

23 Setzen Sie alles wieder zusammen, fixieren Sie es mit Schraubzwingen und lassen Sie es trocknen.

24 Um das Regal an die Wand zu hängen, reichen zwei kleine Bilderhaken, die hinten am oberen Regalbrett angebracht werden.

• • • BRETT-PROJEKTE-TIPP:

Prüfen Sie bei jedem Objekt immer auch die Winkel, bevor Sie es verleimen. Wenn Zwingen zu fest angezogen werden, kann allzu leicht alles ein wenig aus der Form geraten.

So sollte Ihr fertiges Küchenregal aussehen

WANNENABLAGE

Nach einem anstrengenden Arbeitstag gibt nichts Schöneres als ein langes, heißes Bad. Mit dieser einfachen Wannenablage können Sie diese Zeit noch angenehmer gestalten. Denn darauf können Sie alles Nötige ablegen, sogar ein Buch. Dabei handelt es sich um ein recht einfaches Projekt, bei dem aber vieles mithilfe von Anschlägen und Vorrichtungen exakt wiederholt werden muss.

HOT
COLD

WANNENABLAGE

• • • BENÖTIGT WERDEN:

- Tisch- oder Handsäge
- Frästisch mit Abrundfräser
- Schleifmaschine
- Bohrer
- Schraubendreher

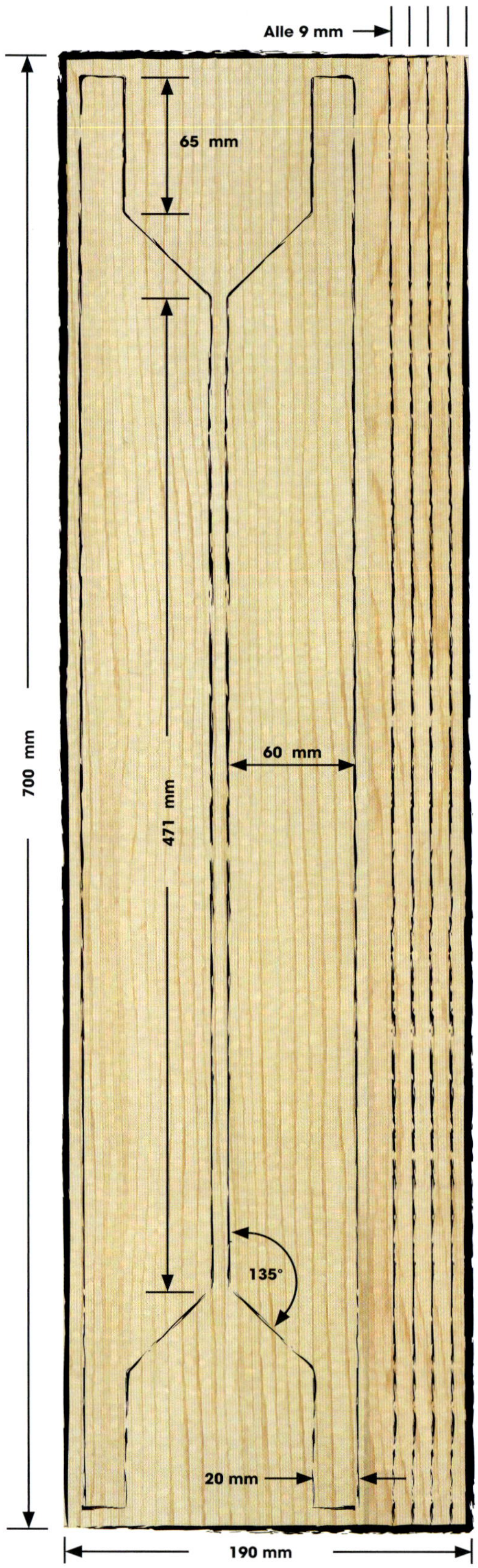

Das Brett wie hier dargestellt markieren

1 Messen Sie zuallererst die Breite Ihrer Wanne aus und passen Sie die hier angegebenen Maße entsprechend an. Bereiten Sie anhand dessen Ihr Brett wie auf Seite 19 beschrieben vor. Sägen Sie zunächst die beiden Seitenteile aus, dafür eignet sich entweder eine Bandsäge (hier im Bild) oder eine Hand- oder Stichsäge.

2 Nutzen Sie den Gehrungsanschlag für die 45°-Winkel-Schnitte.

3 Setzen Sie einen kugelgelagerten Abrundfräser in Ihren Frästisch.

4 Bearbeiten Sie damit das obere Ende beider Seitenteile.

5 Dann müssen die Lamellen mit 9 mm Dicke und 160 mm Länge hergestellt werden. Schneiden Sie zunächst etliche lange, schmale Stücke aus Ihrem Brett, benutzen dafür auf jeden Fall immer einen Schiebestock.

6 Kürzen Sie die Lamellen auf die benötigte Länge, gebraucht werden insgesamt 20 Stück.

7 Die Lamellen werden seitlich mit Schrauben befestigt. Dafür müssen alle an beiden Enden durchgebohrt und das Bohrloch mit einem Versenkbohrer bearbeitet werden. Am besten eignet sich dafür ein 4 mm-Bohrer mit integriertem Versenkbohrer. Wenn Sie eine Standbohrmaschine besitzen, befestigen Sie mit einer Zwinge ein Restholzstück als Begrenzung am Bohrtisch.

8 Anschließend müssen alle Lamellen geglättet werden. Das ist leider nur per Hand möglich, entfernen Sie sorgfältig alle scharfen Kanten.

• • • BRETT-PROJEKTE-TIPP:

Bei der Herstellung von etlichen baugleichen Teilen sollten Sie diese nicht individuell abmessen. Schneiden Sie stattdessen ein Teil exakt aus und nutzen Sie dieses dann als Muster, um alle anderen anzuzeichnen.

• • • BRETT-PROJEKTE-TIPP:

Damit sich Ihre Wannenablage durch den Kontakt mit dem Badewasser auf Dauer nicht verzeiht, sollten Sie sie mit Klarlack oder Öl behandeln.

9 Die Lamellen werden mit 4 x 20 mm-Schrauben fixiert. Befestigen Sie zunächst die beiden Lamellen an den Enden des Wannenregals, um die Konstruktion zu stabilisieren. Danach verteilen Sie nach Augenmaß die verbliebenen Lamellen gleichmäßig dazwischen. Wenn Sie sie lieber perfekt ausrichten möchten, setzen Sie am besten einen Abstandshalter ein.

So sollte Ihre fertige Wannenablage aussehen

LAMPENFUSS

Tischlampen können außergewöhnlich teuer sein, warum also nicht selbst eine bauen? Lampenfüße werden meistens gedrechselt, aber wenn das nicht so Ihr Ding ist: Es gibt eine Alternative, deren Herstellung recht einfach ist. Die elektrischen Bauteile sowie etwas Farbe werden Sie kaufen müssen, außerdem ist eine 8 mm-Gewindestange hilfreich. Abgesehen davon ist nur ein Brett nötig, wenn möglich aus Hartholz. Der folgende Plan sieht den Bau von zwei Lampen vor.

LAMPENFUSS

BENÖTIGT WERDEN:

- Tisch- oder Handsäge
- Bandsäge
- Stand- oder Handbohrmaschine
- Schraubendreher
- Gewindestange, 8 mm
- Schwarze Farbe
- Lampenfassung
- Weißleim

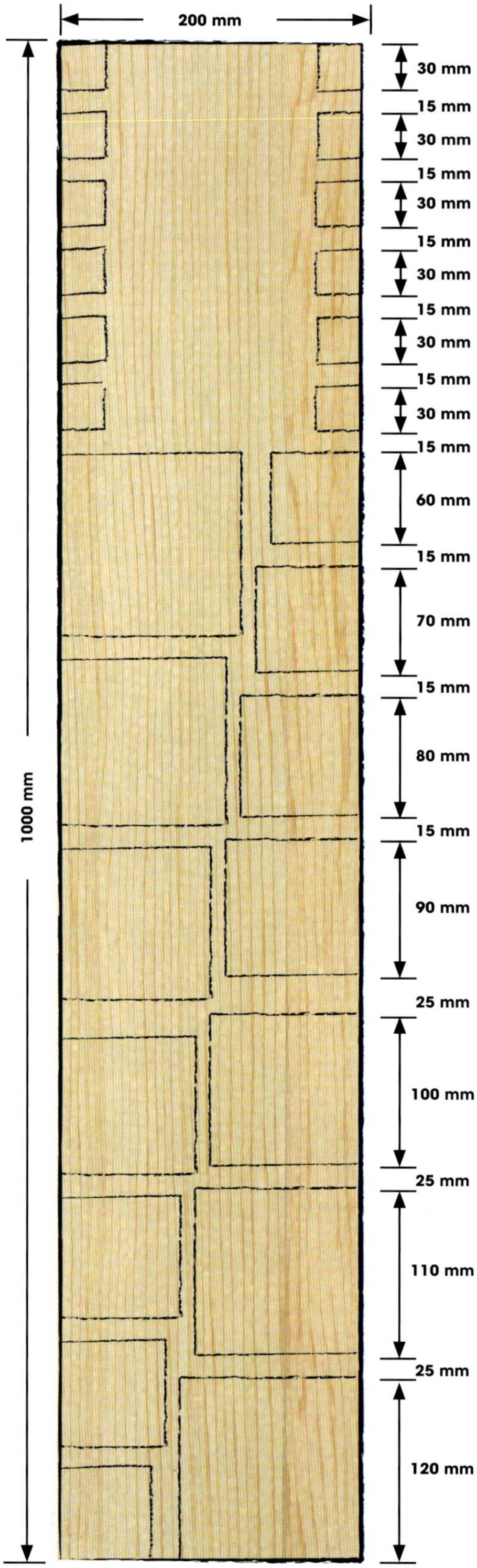

Das Brett wie hier dargestellt markieren, der Plan zeigt die benötigten Bauteile für zwei Lampenfüße.

1 Bereiten Sie Ihr Brett wie auf Seite 19 beschrieben vor. Die Teile können mit jeder beliebigen Säge ausgeschnitten werden, hier ist eine Tischsäge im Einsatz.

2 Für die kleinen Klötze ist eine Bandsäge besser geeignet.

3 Bearbeiten Sie nach dem Sägen alle Kanten mit Schleifpapier. Runden Sie auch die Ecken ab, bis sich alles angenehm und glatt anfühlt.

4 In jeden Klotz muss in der Mitte ein 8 mm-Loch gebohrt werden (hier mit einem Handbohrer). Dieses Loch muss genau mittig sitzen und exakt im 90°-Winkel ausgeführt werden.

5 Mit einer Standbohrmaschine oder einem Bohrständer für Ihre Handbohrmaschine erzielen Sie bessere Ergebnisse.

6 Bauen Sie sich zur Erleichterung eine einfache Bohrschablone, um die vielen kleinen Blöcke beim Sägen korrekt auszurichten.

7 Die kleinen Klötze werden schwarz gestrichen, schieben Sie sie dafür auf eine Gewindestange.

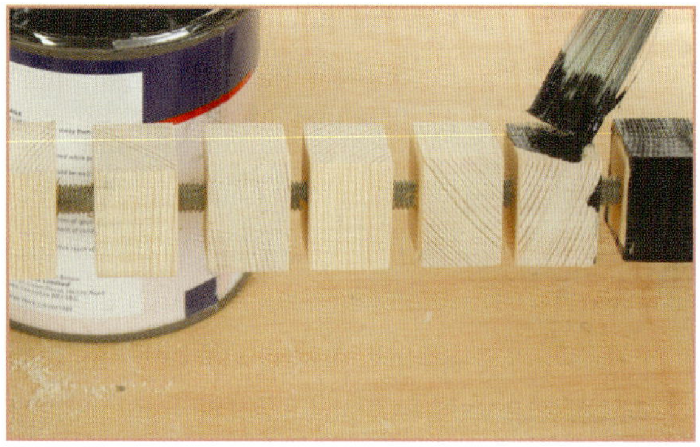

8 Legen Sie die Gewindestange an den Enden auf und streichen Sie die Außenflächen der Klötze.

9 Lassen Sie die Farbe trocknen.

10 Zur Führung des Kabels muss eine Nut in die Unterseite der Basis geschnitten werden. Hier wurde ein Hohlstecheisen eingesetzt, ebenso gut können Sie aber auch eine Oberfräse mit Kastenfräser benutzen.

11 Die fertige Nut. Testen sie, ob sie tief genug ist, um das Kabel aufzunehmen.

12 Um die Lampe zusammenzusetzen, spannen Sie die Gewindestange, mit einer Mutter und einer großen Unterlegscheibe am unteren Ende, in einen Schraubstock.

13 Schieben Sie die Basis auf die Stange, sodass sie auf der Unterlegscheibe liegt. Geben Sie etwas Weißleim in die Mitte und schieben Sie einen der schwarzen Blöcke darauf.

14 Fahren Sie so fort, bis alle Stücke angebracht sind.

15 Experimentieren Sie ruhig mit unterschiedlichen Anordnungen.

16 Wenn Ihnen die Form zusagt, schieben Sie eine weitere große Unterlegscheibe oben auf die Gewindestange und schrauben Sie alles mit einer Mutter fest. Lassen Sie es so, bis der Leim trocken ist.

17 Anschließend kann die Gewindestange wieder entfernt werden. Vermutlich ist das ein wenig schwierig, ein paar leichte Hammerschläge sollten sie aber lösen. Stellen Sie sicher, dass die Konstruktion dabei stabil steht, damit nichts beschädigt wird. Führen Sie das Kabel ein und befestigen Sie die Lampenfassung.

So sollte Ihr fertiger Lampenfuß aussehen

LAPTOP-STÄNDER

Laptops sind eine großartige Erfindung, die es Ihnen erlaubt, überall zu arbeiten oder zu spielen. Sie auf dem Schoß zu haben, ist dennoch eher unbequem. Die Unterseite wird heiß und man verkrampft sich beim Blick auf den niedrigen Bildschirm. Das führt nachweislich zu Gesundheitsproblemen. Dieser Laptop-Ständer lässt sich flexibel einstellen, so können Sie Ihr Gerät in allen möglichen Lagen komfortabel nutzen.

LAPTOP-STÄNDER

• • • BENÖTIGT WERDEN:

- Tisch- oder Handsäge
- Hobel
- Nutfräse
- Flachdübel
- Handschleifer
- Tellerschleifer
- Bohrer
- Hammer
- Weißleim
- 4 Stck. 8 mm gezackte Einschlagmuttern
- 4 Stck. 8 mm Flügelschrauben
- 4 Stck. 8 x 50 mm-Schrauben und Unterlegscheiben

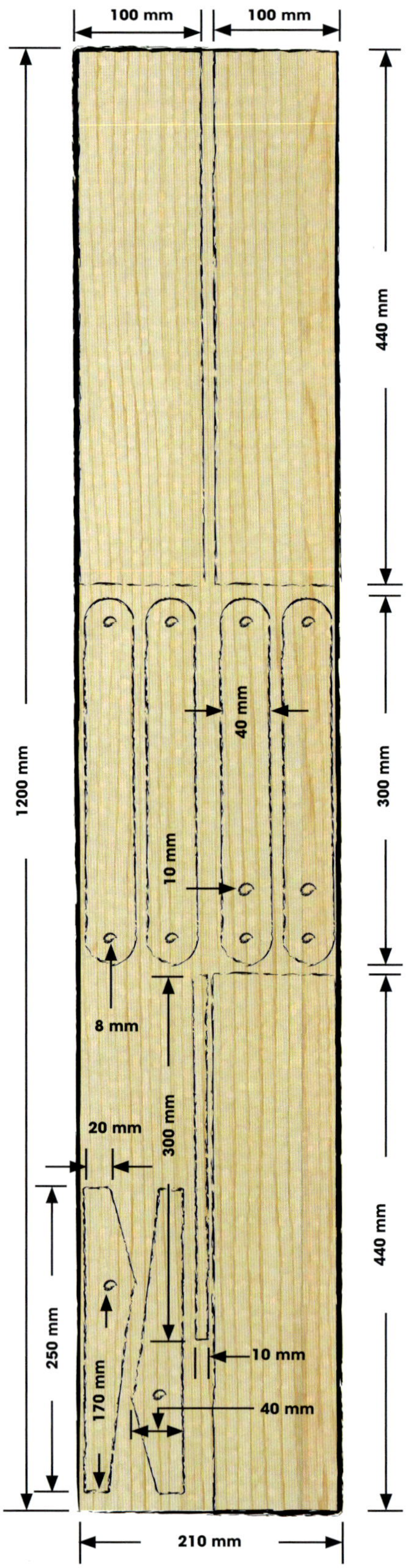

Das Brett wie hier dargestellt markieren

1 Bereiten Sie Ihr Brett wie auf Seite 19 beschrieben vor, und sägen Sie nach dem Markieren und Ablängen die Bauteile passgenau zu. Um die Stabilität zu gewährleisten, empfiehlt es sich, die Ablagefläche aus drei Stücken zusammenzuleimen. Richtig ausgerichtet wird sie sich so weniger verziehen. Hobeln Sie auch alle Kanten glatt.

2 Legen Sie die Bretter für die Ablagefläche nebeneinander. Achten Sie darauf, dass die Jahresringe an der Hirnholzseite bei jedem Brett in die entgegengesetzte Richtung verlaufen. Dadurch bleibt die Ablagefläche auch auf Dauer eben. Zeichnen Sie anschließend die Positionen für die Flachdübel ein.

3 Schneiden Sie die Schlitze mit einer Nutfräse.

4 Dann leimen Sie die Bretter zusammen. Verteilen Sie den Weißleim großzügig, um das bestmögliche Ergebnis zu erzielen.

5 Spannen Sie alles vorsichtig mit Schraubzwingen zusammen und lassen Sie es trocknen.

6 Entfernen Sie die Zwingen wieder, wenn der Leim getrocknet ist, und glätten Sie die Oberfläche mit einer Schleifmaschine. Falls sie sehr uneben ist, können Sie auch einen Hobel einsetzen.

7 Die Ecken der Ablagefläche werden abgerundet. Nutzen Sie zum Anzeichnen irgendein passendes rundes Objekt, wie in diesem Fall einen Sprühdosendeckel.

8 Schneiden Sie grob mit einer Säge vor.

9 Glätten Sie die Rundung anschließend mit einem Tellerschleifer.

10 Auch die vier Beine erhalten abgerundete Ecken, in diesem Fall wurde eine große Unterlegscheibe als Vorlage benutzt.

11 Markieren Sie die Positionen der Schrauben und der Einschlagmuttern wie auf dem Plan angegeben. Die doppelten Löcher sollten 50 mm auseinanderliegen.

12 Bohren Sie 8 mm-Löcher für die Schrauben und 10 mm-Löcher für die Einschlagmuttern.

13 Die gezackten Einschlagmuttern werden in die unteren Löcher der beiden Beine und in die Löcher an den Stützbrettern der Ablagefläche eingesetzt.

14 Die Einschlagmuttern können entweder mit dem Hammer eingeschlagen oder mit einer Zwinge ins Holz gepresst werden. Sie können aber auch, wie hier zu sehen, eine Schraube, Unterlegscheibe und Mutter dafür einsetzen.

15 Bohren Sie 25 mm von den Enden entfernt Löcher mit einem Durchmesser von 4 mm in die Stützbretter.

16 Schrauben Sie die Stützbretter in einem Abstand von 25 bis 32 mm von der Seite an der Unterseite der Ablagefläche fest.

17 Bringen Sie am unteren Ende der Ablagefläche oben eine kleine Leiste an, damit Ihr Laptop nicht von der Ablagefläche rutscht. Diese sollte eine Größe von etwa 10 x 300 mm haben. Runden Sie die Ecken mit einem Tellerschleifer ab und befestigen Sie sie mit Nägeln. Anschließend versenken Sie diese und verstecken die Nagelköpfe unter etwas Holzkitt.

18 Bauen Sie den Laptop-Ständer zusammen, wie hier zu sehen. Falls die Flügelschrauben nicht fest genug sitzen, um die Ablagefläche zu halten, schneiden Sie ein paar doppelseitige Unterlegscheiben aus Schleifpapier aus und klemmen Sie sie zwischen die Gelenke. Das sollte ausreichend Halt geben.

So sollten Ihr fertiger Laptop-Ständer aussehen

TELLERREGAL

Es gibt viele Arten, Geschirr in der Küche zu verstauen. Sie können es im Küchenschrank aufstapeln und in einem Geschirrschrank ausstellen. Oder Sie platzieren es griffbereit in einem Tellerregal. Dieses hier ist freistehend, es kann aber auch an einem Oberschrank befestigt werden, wenn Sie Oberteil und Füße der Konstruktion einfach weglassen.

TELLERREGAL

● ● ● BENÖTIGT WERDEN:

- Tisch- oder Handsäge
- Stich- oder Bogensäge
- Schmiege
- Schleifmaschine
- Vorrichtung für Sacklochbohrungen
- Bohrer
- Schraubendreher
- Zwingen

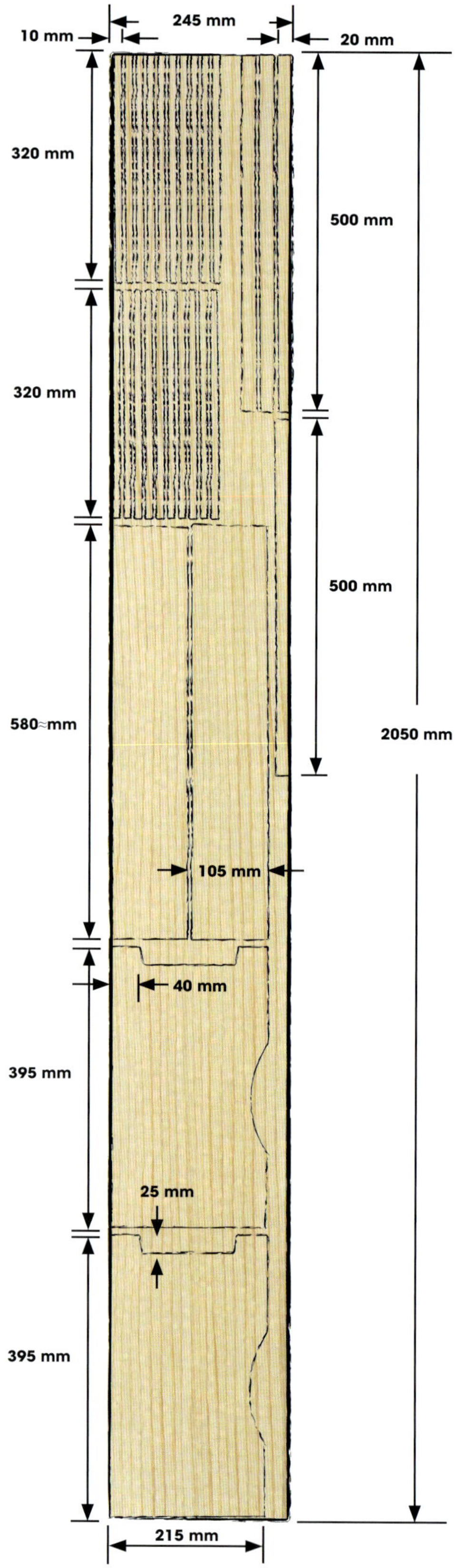

Das Brett wie hier dargestellt markieren

1 Bereiten Sie Ihr Brett wie auf Seite 19 beschrieben vor. Teller sind unterschiedlich groß, und diesem Modell wurden Teller mit einem Durchmesser von 270 mm zugrunde gelegt. Messen Sie also zunächst Ihre eigenen Teller aus, damit sie zwischen die Holme passen. Nutzen Sie zwei kleine Verschnittstücke der Holme für Ihre individuellen Abmessungen.

2 Zeichnen Sie die Positionen der Holme entsprechend Ihrer Teller an.

3 Die Vorderseite des Regals erhält einen runden Ausschnitt, der sich hervorragend mit einem der Teller anzeichnen lässt.

4 Zeichnen Sie auch die Position der Füße an. Nutzen Sie eine Schmiege, um den Winkel zu übertragen. Die genaue Gradzahl ist unwichtig, wählen Sie einfach die Form, die Ihnen am besten gefällt.

5 Spannen Sie beide Seiten mit Schraubzwingen an Ihre Werkbank und schneiden Sie die Rundung aus. Dafür eignet eine Stichsäge besonders gut (hier im Bild). Sie können aber auch eine Bogensäge nehmen. Sägen Sie ebenso die Füße aus, nachdem Sie das Holz neu eingespannt haben.

6 Die rauen Sägekanten müssen geglättet werden. Spannen Sie dafür wieder alles zusammen und schleifen Sie sie schön glatt. Ein Walzenschleifer wäre ideal, ein Dreieckschleifer, wie hier im Bild, tut es aber auch.

7 Schneiden Sie die vier Holme auf die gewünschte Länge, anschließend werden diese mit einer Sacklochverbindung an den Seitenteilen angebracht. Für die Bohrung spannen Sie jeden Holm in die Vorrichtung und setzen ein Loch in jedes Ende. Achten Sie darauf, dass die Löcher sich auf derselben Seite befinden.

8 Dann schrauben Sie die Holme an. Wenn Sie eine Latte an die Werkbank spannen, können Sie das Seitenteil dagegen drücken. Das erleichtert die korrekte Ausrichtung der Holme, wenn Sie nach unten hin schrauben.

9 Schneiden Sie jetzt die Streben und kürzen Sie sie auf die passende Höhe.

10 Legen Sie die Streben in das Regal und passen Sie die Abstände an Ihre Teller an. Hier wurden zehn Streben mit einem Abstand von etwa 35 mm eingesetzt, dabei sind beide Seiten des Regals identisch.

11 An den Enden müssen die Streben eingekerbt werden, damit sie ordentlich angebracht werden können. Zeichnen Sie die Position der Kerbe an.

12 Zeichnen Sie für die Schnitttiefe eine Linie in der Mitte jeder Strebe und sägen Sie die Kerbe vorsichtig mit einer Japansäge aus.

13 Die Streben werden an die Rückseite der Holme genagelt. Messen Sie die Abstände nicht aus, verteilen Sie die Streben einfach gleichmäßig auf dem Regal. Ein Abstandhalter hilft, wenn Sie es sowohl schneller als auch genauer haben möchten.

14 Die Oberseite wird mit zwei Brettern und einem Zwischenraum von 15 mm abgedeckt. Diese Deckbretter werden an die oberen Holme geschraubt. Bohren Sie vor und versenken Sie die Schrauben in den Löchern.

15 Die Deckbretter sollten auch innen mit den Seiten verschraubt werden, damit sie sich nicht nach oben biegen. Platzieren Sie in jeder Ecke eine Sacklochschraube, pressen Sie dafür die Bohrvorrichtung mit einem Stück Holz fest in die Ecke.

16 Zum Schluss drehen Sie die Schrauben ein. Wenn Sie keine Bohrvorrichtung für kleine Sacklöcher besitzen, können die oberen Bretter auch mit kleinen Metallwinkeln fixiert werden.

So sollte Ihr fertiges Tellerregal aussehen

FRÜHSTÜCKSTABLETT

Wie schön wäre es doch, jeden Tag das Frühstück ans Bett gebracht zu bekommen. Das ist allerdings ein seltener Luxus. Dennoch möchte man bei diesen seltenen Gelegenheiten das richtige Frühstückstablett zur Verfügung haben, denn niemand hat gern Kaffee im Bett oder Marmelade auf dem Kopfkissen. Aber ein normales Tablett steht auf dem Bett einfach nicht sicher. Warum also nicht ein Tablett mit ausklappbaren Beinen bauen, die es auf dem Bett stabilisieren, das aber auch ohne Beine verwendet werden kann?

FRÜHSTÜCKS-TABLETT

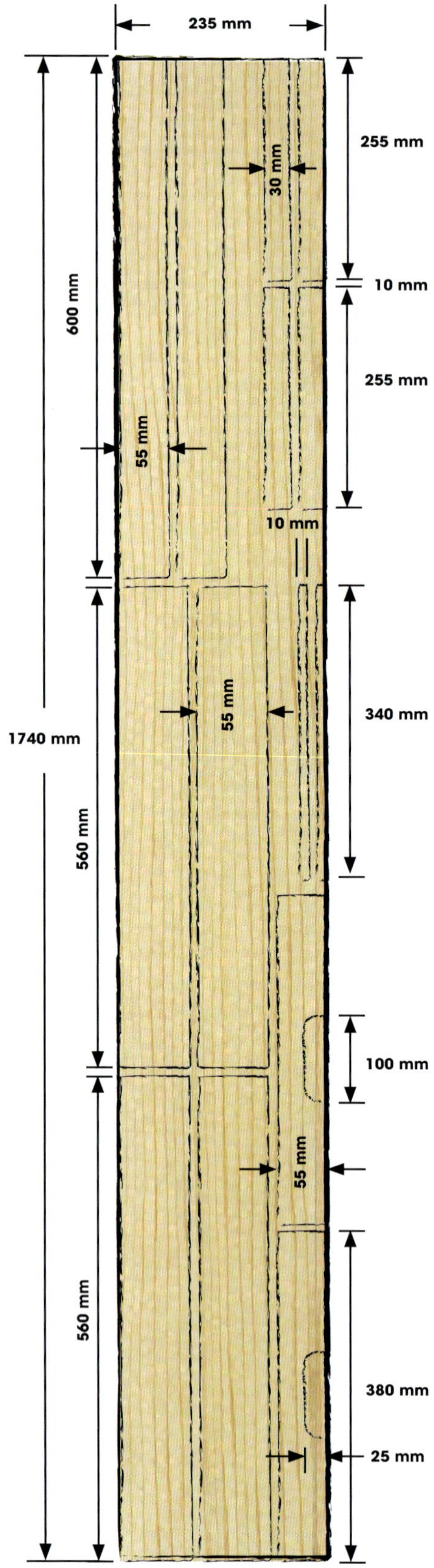

Das Brett wie hier dargestellt markieren

BENÖTIGT WERDEN:

- Tischsäge
- Stich- oder Bogensäge
- Frästisch mit Abrundfräser
- Nutfräse
- Flachdübel
- Bohrer
- Schraubendreher
- Bandzwinge
- Weißleim
- 4 Spitzschrauben und Tellerscheiben

1 Bereiten Sie Ihr Brett wie auf Seite 19 beschrieben vor. Zeichnen Sie die Bauteile an und sägen Sie sie quer zur Maserung zu.

2 Anschließend bringen Sie die Längsschnitte an.

3 Der Rahmen des Tabletts wird auf Gehrung gesägt. Diese kann mit einer Tisch- oder Gehrungssäge geschnitten werden, möglich ist aber auch eine Hand- oder Japansäge (hier im Bild) mit Gehrungslade.

4 An den beiden Enden werden unten die Griffe ausgesägt. Diese sollten etwa 100 mm lang und 25 mm hoch sein, damit Ihre Hände gut hineinpassen. Zeichnen Sie die Griffe mit Bleistift und Anschlagwinkel an.

5 Finden Sie eine geeignete Schablone für die abgerundeten Ecken, hier passte z. B. eine Dose.

6 Mit einer Stich- oder Bogensäge werden die Griffe ausgesägt.

7 Glätten Sie die runden Schnitte mit einem kleinen Walzenschleifer.

8 Alle Kanten der Bauteile müssen abgerundet werden, setzen Sie dafür einen Frästisch mit einem kugelgelagerten Abrundfräser ein. Denken Sie aber daran, die äußeren Kanten der beiden Außenbretter des Tabletts nicht zu bearbeiten. Diese sollen ja später an die Innenseite des Rahmens geleimt werden.

9 Die Bretter werden mit Flachdübeln am Rahmen angebracht. Schieben Sie das Tablett lose zusammen und richten Sie die Bretter aus, markieren Sie dann die Position der Flachdübel an den Brettern und am Rahmen. Setzen Sie je einen Dübel an den Enden der Bretter und drei entlang der Außenseiten der Außenbretter.

10 Stellen Sie Ihre Fräse so ein, dass die Schlitze exakt mittig in den Brettseiten sitzen. Schneiden Sie die Schlitze an den Enden aller Bretter und an den Seiten der Außenbretter.

11 Stellen Sie Ihre Fräse nun 6 mm höher.

12 Mit dieser Einstellung schneiden Sie die Schlitze, dabei befindet sich der Anschlag an der Oberseite des Bretts.

13 Geben Sie Weißleim in die Schlitze und setzen Sie das Tablett zusammen. Nehmen Sie nicht zu viel Leim, da er ohnehin herausgedrückt werden wird. Nehmen aber Sie aber genug, um die Flachdübel komplett zu bedecken.

14 Spannen Sie das Tablett fest zusammen, am besten mit einer Bandzwinge. Achten Sie dabei auf die Winkel, indem Sie die Diagonalen messen. Diese sollten identisch sein.

15 Wenn das Tablett fertig und der Leim getrocknet ist, müssen die Beine angebracht werden. Schneiden Sie sie auf die richtige Länge und zeichnen Sie die Rundungen an. In diesem Fall diente eine Unterlegscheibe als Schablone.

16 Nachdem die Rundungen fertiggestellt sind, zeichnen Sie etwa 12,5 mm vom Ende entfernt die Position der Spitzschraube ein.

17 Bohren Sie ein Loch mit einem Durchmesser von 4 mm durch jedes Bein. Eine Standbohrmaschine sorgt dafür, dass das Loch exakt senkrecht wird – das ist wichtig.

18 Bringen Sie die Beine an den Innenseiten des Rahmens mit einem Abstand von etwa 20 mm von der Ecke an. Nehmen Sie dafür je eine Spitzschraube und eine Tellerscheibe, aber ziehen Sie alles nicht zu fest an.

19 Für bessere Stabilität benötigen die Beine noch eine Querstrebe. Bohren Sie vor für die Verschraubung, setzen Sie anschließend einen Versenkbohrer ein.

20 Bringen Sie dann die Streben an.

21 So sieht das fertige Tablett zusammengeklappt aus.

• • • BRETT-PROJEKTE-TIPP:

Wenn Sie bewegliche Bauteile mit Schrauben anbringen, wie z. B. klappbare Beine, sind Tellerscheiben eine ebenso effiziente wie dekorative Lösung. Sie schützen das Holz vor Beschädigungen durch die Schraube.

So sollte Ihr fertiges Frühstückstablett aussehen

KLAPPSTUHL

Manchmal möchte man gerne an der Werkbank sitzen, besonders wenn aufwendige oder komplexe Arbeitsschritte anstehen. Ein normaler Stuhl nimmt aber zu viel Platz weg, wenn er nicht benutzt wird. Die Lösung ist ein Klappstuhl, der in einer Ecke verstaut oder sogar an die Wand gehängt werden kann.

KLAPPSTUHL

BENÖTIGT WERDEN:

- Tisch- oder Handsäge
- Stich-, Band- oder Bogensäge
- Frästisch
- Tellerschleifer
- Bohrer
- Schraubendreher
- 2 Klappenscharniere

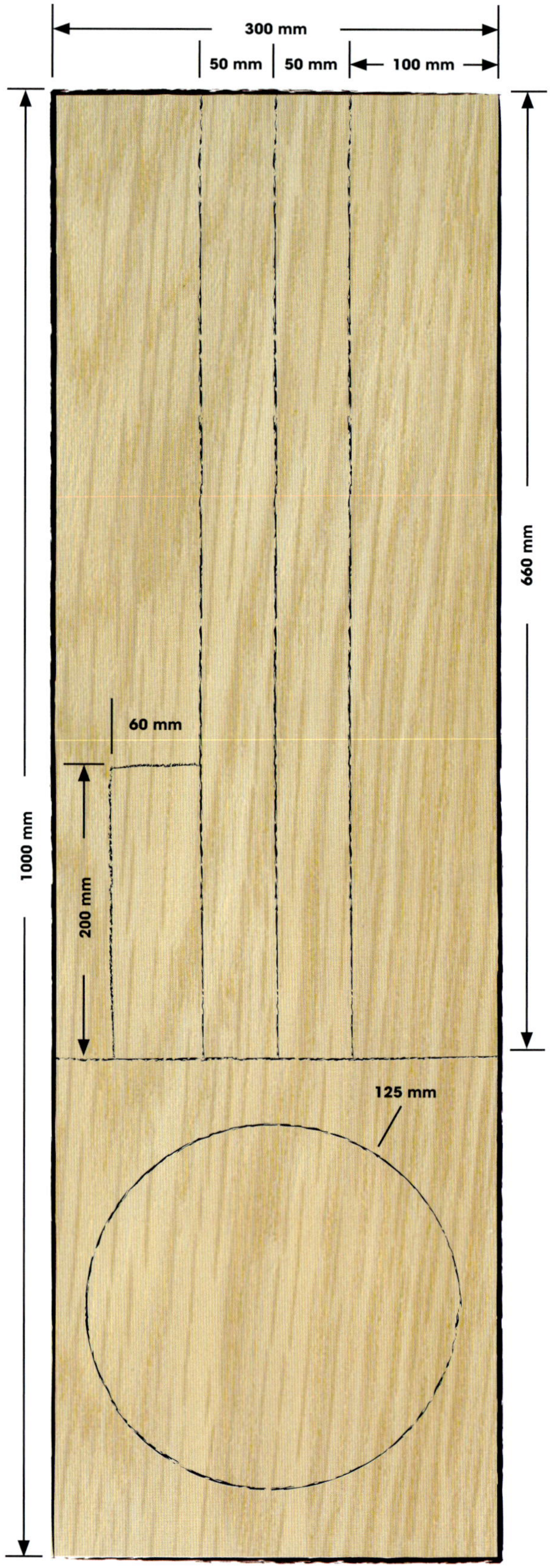

Das Brett wie hier dargestellt markieren

1 Bereiten Sie Ihr Brett wie auf Seite 19 beschrieben vor. Zeichnen Sie die Bauteile auf einem besonders stabilen Brett von mindestens 28 mm Stärke an.

2 Sägen Sie das Ende des Brettes für die Sitzfläche ab.

3 Die Sitzfläche kann auf viele verschiedene Arten ausgeschnitten werden. Am besten ist eine elektrische Stichsäge, eine Bogensäge ist aber auch möglich. In diesem Bild ist eine Bandsäge zusammen mit einer selbst gebauten Vorrichtung im Einsatz, dabei kreist das Werkstück um einen Nagel und ergibt so einen perfekten Kreis.

4 Drehen Sie das Werkstück langsam und benutzen Sie auf jeden Fall ein schmales Sägeblatt.

5 Sägen Sie die Sitzfläche aus.

6 Schneiden Sie auch die anderen Bauteile.

7 Die Kanten der Sitzfläche müssen für einen besseren Sitzkomfort abgerundet werden. Gut geeignet ist ein Frästisch, ausgestattet mit einem Bündnisfräser.

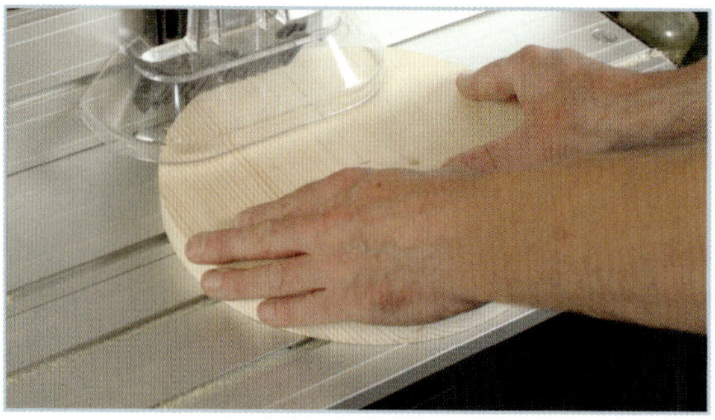

8 Bearbeiten Sie beide Seiten der Sitzfläche.

9 Die oberen Enden der schmalen Beine können abgerundet werden, nötig ist es aber nicht. Zeichnen Sie die Rundung mit einer passenden Schablone an.

10 Bearbeiten Sie anschließend die Enden mit einem Tellerschleifer.

11 Positionieren Sie die drei Beine auf der Sitzfläche. Dabei sind die schmalen Beine senkrecht und das breite Bein waagerecht ausgerichtet. Die senkrechten Beine sollten sich so nah wie möglich am Rand befinden, jedoch nicht überstehen.

12 Befestigen Sie die beiden Beine mit Klappscharnieren, lassen Sie dabei das mittlere Bein als Abstandhalter an seinem Platz. Bearbeiten Sie sämtliche Löcher mit einem Versenkbohrer, bevor Sie die Schrauben eindrehen. Damit wird sichergestellt, dass die Schrauben mittig in den Löchern sitzen.

13 Spannen Sie dann alle drei Beine gerade ausgerichtet mit Schraubzwingen zusammen. Markieren Sie einen Punkt 170 mm von oben und bohren Sie je ein Loch mit einem Durchmesser von 5 mm durch beide schmale Beine bis in das mittlere Bein hinein.

14 Anschließend befestigen Sie die beiden schmalen Beine mit je einer 5 x 80 mm-Schraube plus Tellerscheibe an dem mittleren Bein. Ziehen Sie sie aber nicht zu fest an, die Konstruktion muss beweglich bleiben.

15 Drehen Sie den Stuhl um und befestigen Sie an der Unterseite einen Anschlagblock, der das mittlere Bein stützt. Am besten formen Sie die Kante des Blocks entsprechend der Schräge des Beins.

16 Zuletzt muss noch die Querstrebe an den beiden äußeren Beinen angebracht werden. Nehmen Sie dazu ein 60 mm breites Brett, bringen Sie es mit der Bandsäge auf etwa 18 mm Stärke. Dann sägen Sie es passend, d. h. auf die Länge der drei Beine nebeneinander.

17 Bringen Sie die Querstrebe mit zwei 30 mm-Schrauben und Tellerscheiben an den äußeren Beinen an.

So sollte der Stuhl zusammengeklappt aussehen

So sollte Ihr fertiger Klappstuhl aussehen

WETTERFAHNE

Eine Wetterfahne setzt einem Gebäude – sei es eine Hütte im Garten oder ein Wohnhaus – die Krone auf. Es gibt unzählige Arten, von ganz gewöhnlich bis surreal. Diese Version ist mit seiner Pfeilform sehr einfach und klar gestaltet. Selbstverständlich können Sie das Design Ihrem persönlichen Geschmack anpassen. Dabei sollten Sie aber zwei Dinge beachten: Erstens muss ein Ende eine größere Oberfläche haben, um den Wind zu fangen. Zweitens müssen beide Enden an einem Drehpunkt ausbalanciert sein, sonst bewegt sich die Wetterfahne nicht.

W
S
N
E

WETTERFAHNE

BENÖTIGT WERDEN:

- Sägen
- Stecheisen
- Bohrer
- Weißleim
- Kleines Stück Sperrholz, 6 mm
- Gewindestange, 8 mm
- 4 selbstsichernde Muttern und Unterlegscheiben

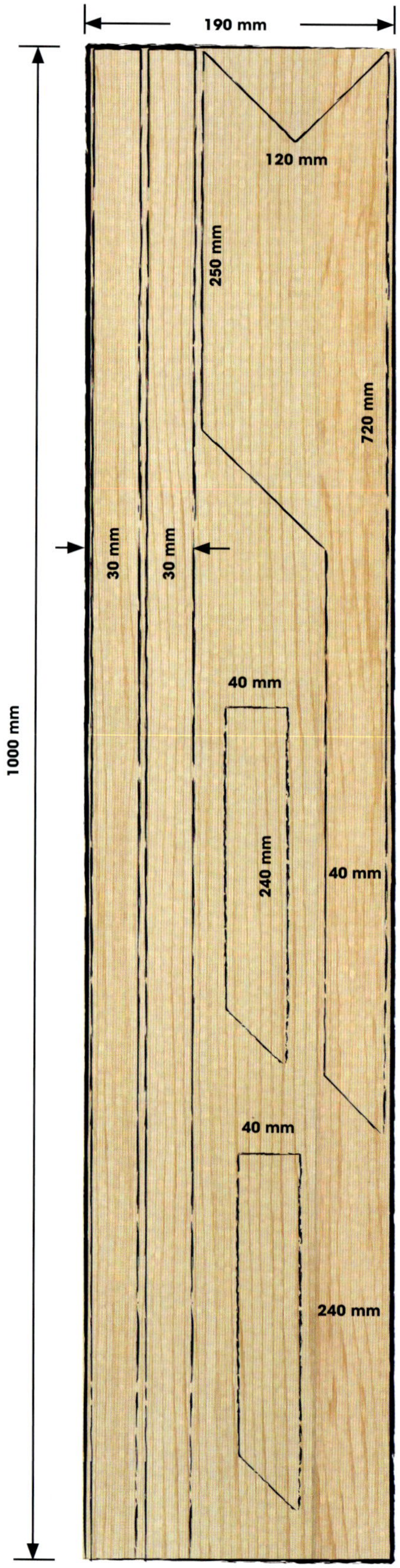

Das Brett wie hier dargestellt markieren

1 Bereiten Sie Ihr Brett wie auf Seite 19 beschrieben vor. Mit einer Tischsäge können alle geraden Bauteile aus dem Brett gesägt werden.

2 Der Rest ist mit einer elektrischen Stichsäge schnell erledigt.

3 Schneiden Sie das V in das Ende der Wetterfahne.

4 Die beiden Seitenteile werden als Balanceausgleich an den vorderen Teil der Wetterfahne geleimt. Spannen Sie sie einfach an die richtige Stelle und lassen Sie den Leim trocknen.

5 Die beiden Querlatten werden mit einer einfachen Kreuzüberblattung verbunden. Finden Sie die Mitte jeder Latte und legen Sie sie im rechten Winkel aufeinander. Zeichnen Sie die Breite der oberen Latte auf die untere und die Breite der unteren Latte auf die obere. Messen Sie dann die Hälfte der Lattenstärke ab und zeichnen Sie an der Stelle eine horizontale Linie.

6 Setzen Sie eine Reihe von parallelen Schnitten bis zu der horizontalen Linie, z. B. mit einer Handsäge.

7 Entfernen Sie die Reststücke mit einem Stecheisen.

8 So sieht die fertige Verbindung aus, alles ist bereit zum Verleimen.

9 Bohren Sie für die Gewindestange ein 8 mm-Loch durch die Mitte der Verbindung.

10 Als Nächstes müssen die Windrichtungsanzeigen angefertigt werden. Drucken Sie die Buchstaben (N S O W) einfach mit dem Computer aus, die Höhe beträgt etwa 50 mm. Wählen Sie eine schlichte Schriftart, damit sie leicht auszuschneiden sind. Kleben Sie die Ausdrucke dafür mit Sprühkleber auf eine 6 mm-Sperrholzplatte.

11 Sägen Sie die Buchstaben mit einer Band-, Stich- oder Bogensäge aus.

12 Die fertigen Buchstaben. Beachten Sie die zusätzlichen 10 mm am unteren Rand. Das ist das Stück, mit dem sie auf den Querlatten befestigt werden.

13 Fräsen Sie eine 6 mm starke Nut in das Ende jeder Querlatte, in die die Buchstaben eingeführt werden können. Bei so einem schmalen Werkstück geht das am einfachsten mit einer Tischfräse. Stellen Sie den Fräsaufsatz auf 10 mm Tiefe.

14 Schieben Sie die 8 mm-Gewindestange durch das Loch in den Querlatten und fixieren Sie sie mit zwei Unterlegscheiben und selbstsichernden Muttern. Lassen Sie nach oben wenigstens 30 mm Platz, damit dort die Wetterfahne angebracht werden kann.

15 Zuletzt wird die Wetterfahne an der Gewindestange angebracht, dafür werden wieder zwei Unterlegscheiben und selbstsichernde Muttern benutzt. Vorher müssen Sie aber noch ein Loch in die Wetterfahne bohren. Finden Sie den Gleichgewichtspunkt, indem Sie sie so auf einen Bleistift legen, dass sie ausbalanciert ist. Bohren Sie das Loch genau an dieser Stelle. Dann leimen Sie die Buchstaben in die Nut dicht am Ende der Querlatten. Am besten Sie malen die Buchstaben vorher an, damit sie gut zu erkennen sind.

So sollte Ihre fertige Wetterfahne aussehen

WERKZEUGKISTE

Werkzeug mit sich herumzutragen kann lästig sein, aber dafür gibt es ja alle möglichen Werkzeugkisten fertig zu kaufen. Warum also selbst eine bauen? Ganz einfach: Sie können sie an Ihre persönlichen Bedürfnisse anpassen. Diese Werkzeugkiste basiert auf einem traditionellen Design, sie hat aber auch eine Schublade, in der Schrauben und andere wichtige Kleinigkeiten aufbewahrt werden können.

WERKZEUG-KISTE

BENÖTIGT WERDEN:

- Sägen
- Tellerschleifer
- Bohrer
- Vorrichtung für Sacklochbohrungen
- Schraubendreher
- Weißleim
- Rundholz, 18 mm Durchmesser
- Sperrholz, 6 mm

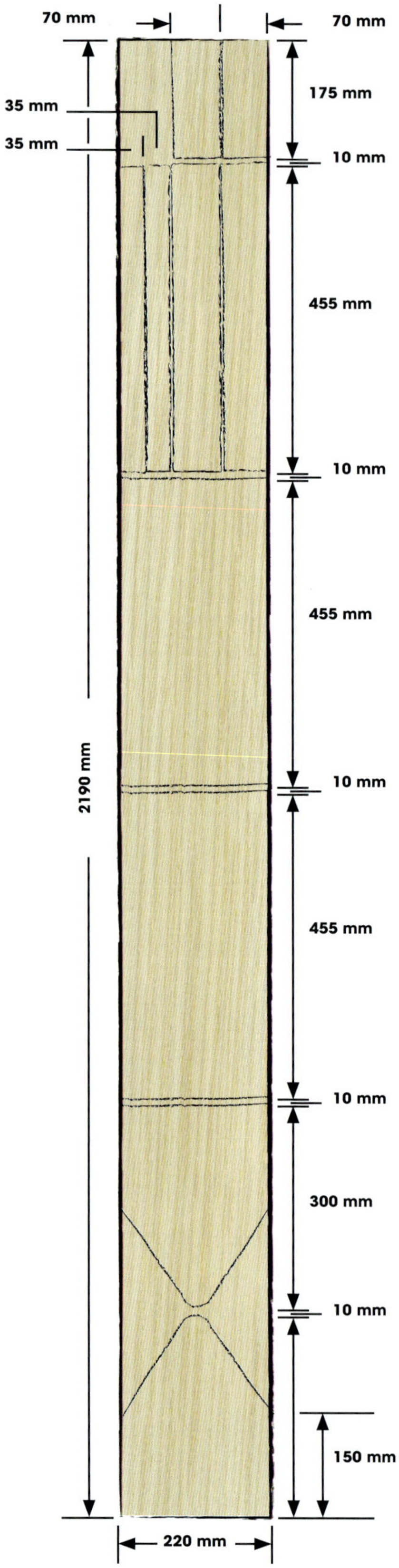

Das Brett wie hier dargestellt markieren

1 Bereiten Sie Ihr Brett wie auf Seite 19 beschrieben vor. Identische Wertstücke lassen sich viel leichter und genauer in einem Arbeitsschritt anfertigen. Kleben Sie also Ihr Holz mit Kreppband (o. Ä.) zusammen und zeichnen Sie die gewünschte Form auf der Oberfläche an. Dann schneiden Sie sie zusammen aus.

2 Die Spitze runden Sie mit einem Tellerschleifer ab. Dabei sollten die Teile immer noch zusammengeklebt sein.

3 In die Spitze wird ein Loch für den Griff gebohrt. Setzen Sie dafür einen flachen Holzbohrer ein, und lassen Sie die Bauteile immer noch zusammengeklebt. Denken Sie daran, ein Stück Verschnittholz unterzulegen, um den Bohrer zu schützen und ein schönes, sauber geschnittenes Loch zu erhalten.

4 Scheiden Sie das Basisbrett und den Zwischenboden zu. Die Verbindungen der Kiste lassen sich leicht herstellen. Sie können Flachdübel einsetzen oder einfach alles verschrauben, hier wurden Sacklochschrauben benutzt. Dafür benötigen Sie eine Vorrichtung für die Sacklochbohrungen.

5 Setzen Sie Boden und Seitenteile zusammen.

6 Für die Schublade schneiden Sie zunächst die vier Teile zu und testen dann die Passgenauigkeit. Die Lade sollte bequem in die Basis passen, vor allem sollte sie nicht zu eng sitzen.

7 Nutzen Sie als Schubladenboden ein Stück Sperrholz, dafür fräsen Sie eine Nut in die Innenseiten aller vier Schubladenseiten. Setzen Sie einen geraden 6 mm-Fräsaufsatz ein, auch der Anschlag sollte auf 6 mm gestellt werden.

8 Wieder wurden Sacklochschrauben benutzt, um die Schubladenseiten zusammenzufügen. Mit einer doppelten Bohrvorrichtung geht das doppelt schnell, alternativ können Sie die Bauteile auch einfach an den Ecken verschrauben.

9 Legen Sie die Schublade lose zusammen und messen Sie innen die Länge und Breite. Geben Sie 12 mm zu und schneiden Sie ein Stück Sperrholz in dieser Größe.

10 Bauen Sie die Schublade zusammen.

11 Der Zwischenboden muss so eingesetzt werden, dass die Schublade sich bequem bewegen lässt. Legen Sie dafür einen Abstandhalter auf beide Seiten, z. B. etwas grobes Schleifpapier, wie hier im Bild. Legen Sie dann den Zwischenboden darauf.

12 Verschrauben Sie den Zwischenboden in dieser Position. Befestigen so auch die beiden Seitenteile des Bodens.

13 Der Griff besteht aus einem Stück Rundholz. Damit das fest in den Löchern sitzt, schneiden Sie es zunächst am Ende ein. Stellen Sie außerdem zwei passende Keile her.

14 Setzen Sie das Rundholz ein und schlagen Sie anschließend die Keile mit einem Hammer ein. Glätten Sie die Enden mit einer Schleifmaschine.

15 Aus kleinen Restholzstücken lassen sich leicht ein paar drehbare Riegel herstellen, um die Schublade vor dem Herausrutschen abzusichern. Schrauben Sie an jeder Seite einen an, verwenden Sie dabei eine Tellerscheibe. Ziehen Sie die Schraube nicht zu fest an, damit die Riegel drehbar bleiben.

16 Außen an der Werkzeugkiste können Sie noch Werkzeughalterungen anbringen, etwa diese angeleimte Profillatte für eine Säge.

17 Auch Halterungen für Bohraufsätze lassen sich aus Restholz leicht herstellen. Dabei bohren Sie mit jedem Bohrer sein eigenes Aufbewahrungsloch. Dann befestigen Sie die Halterung an einer beliebigen Stelle an der Werkzeugkiste.

So sollte Ihre fertige Werkzeugkiste aussehen

DVD-REGAL

Ein einfaches Design, das sowohl Platz für CDs als auch für DVDs bietet. Das Regal ist nicht schwer zu bauen, aber es müssen sauber gearbeitete Holzverbindungen, sogenannte Kreuzüberblattungen, hergestellt werden, damit es stabil ist. Wenn Sie mehr Stauraum benötigen, kann es auch leicht erweitert werden. Außerdem kann zusätzlich oben eine Holz- oder Glasplatte angebracht werden, z. B. für Ihren Fernseher.

DVD-REGAL

BENÖTIGT WERDEN:

- Tisch- oder Handsäge
- Stecheisen
- Nutfräse
- Flachdübel
- Zwingen
- Weißleim

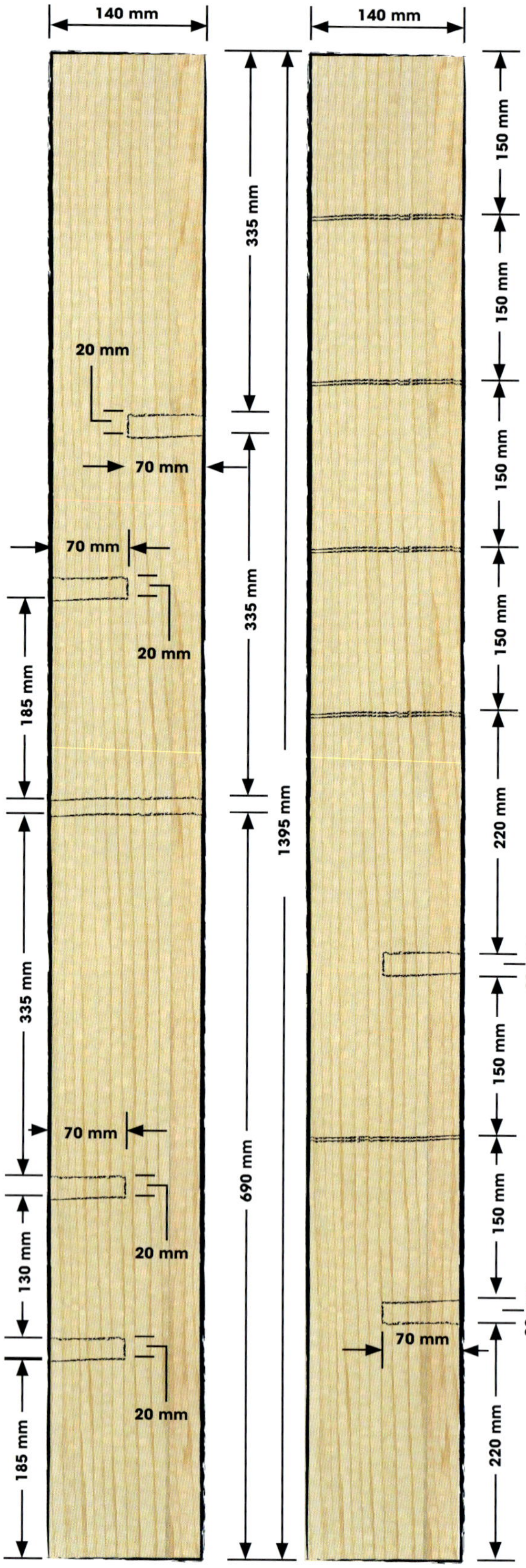

Das Brett wie hier dargestellt markieren

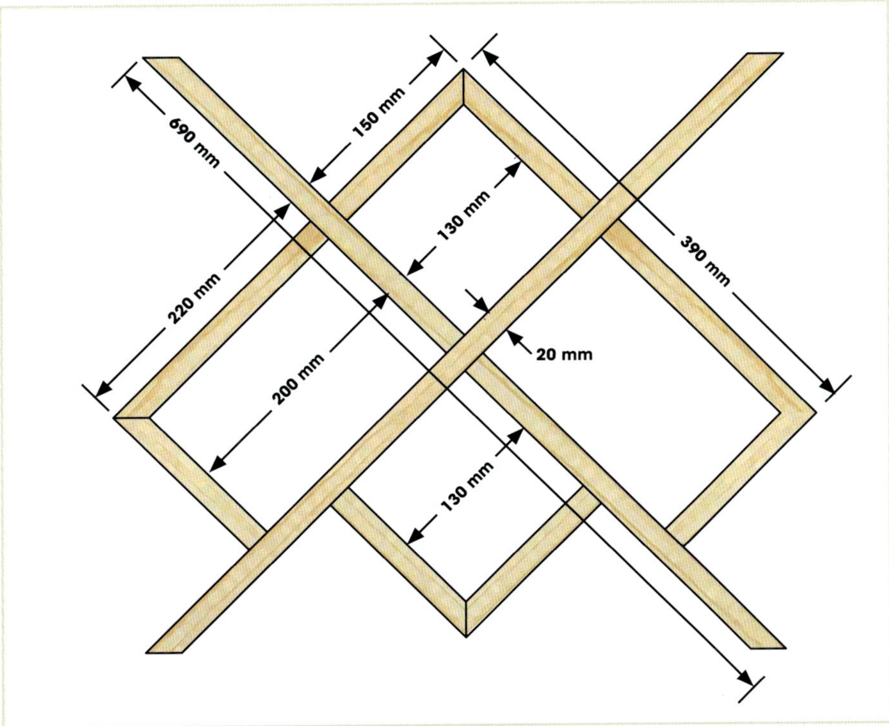

Frontansicht mit den Maßen

1 Bereiten Sie Ihr Brett wie auf Seite 19 beschrieben vor. Die Bretter werden am Ende auf Gehrung gesägt, das geht am leichtesten mit einer Tischsäge. Natürlich können Sie auch eine Handkreissäge oder eine beliebige Handsäge benutzen.

2 Wenn Sie die Bretter ausgesägt haben, zeichnen Sie die Kreuzüberblattungen an. Nehmen Sie dazu ein Verschnittstück als Maß für die Materialstärke.

3 Die korrekt angezeichneten Kreuzüberblattungen sollten so aussehen.

4 Wieder eignet sich eine Tischsäge am besten, um die Holzverbindungen auszusägen. Eine Handsäge tut es aber auch.

5 Schneiden Sie die Kreuzüberblattung aus. Denken Sie daran, dass ein Kreissägeblatt rund ist, sägen Sie also nicht bis ganz an die angezeichnete Linie.

6 Stemmen Sie stattdessen den Rest einfach mit einem Stecheisen aus.

7 Die Gehrverbindungen lassen sich am besten mit Flachdübeln zusammenfügen. Stellen Sie den Anschlag Ihrer Fräse auf 45° und schneiden Sie einen einzelnen Schlitz in die schrägen Enden der Bretter.

8 Am unteren Ende des Regals müssen Sie die Schlitze an der Verbindungsstelle in die Brettenden und in das Brett schneiden. Stellen Sie dazu das kurze Brett auf das längere Brett und markieren Sie die Stelle. Legen Sie das kurze Brett auf die Markierung und spannen Sie alles mit einer Schraubzwinge zusammen. Richten Sie Ihre Fräse horizontal auf der Mitte des Brettes aus. Das längere Brett dient als Führung. Schneiden Sie einen Schlitz.

9 Stellen Sie die Fräse anschließend mit der Basis gegen den gerade geschnittenen Schlitz senkrecht auf das längere Brett und schneiden Sie von da aus einen Schlitz in dieses Brett.

10 Die fertige Verbindung bereit für den Flachdübel.

11 Für den Zusammenbau beginnen Sie mit den Flachdübelverbindungen. Verleimen Sie zunächst die beiden kürzeren Bretter, falls nötig, spannen Sie sie zusammen.

12 Dann geben Sie Weißleim an die Kreuzüberblattungen der beiden längeren Bretter und an die der kurzen Bretter. Schieben Sie alles vorsichtig ineinander. Möglicherweise sind ein paar leichte Schläge mit einem Holz- oder Gummihammer nötig.

13 Befestigen Sie die beiden kurzen Endbretter mit Flachdübeln. Nehmen Sie danach die zwei letzten Bretter und leimen Sie sie zusammen. Befestigen Sie sie, noch bevor der Leim trocken ist, mit zwei Flachdübeln unten am Hauptrahmen. Spannen Sie alles zusammen, falls nötig.

So sollte Ihr fertiges DVD-Regal aussehen

SCHUHREGAL

Schuhregale schaffen Ihre Schuhe sauber und ordentlich aus dem Weg, und dieses hier nimmt darüber hinaus auch nur wenig Platz ein. Es ist einfach herzustellen, benötigt aber sauber gearbeitete Verbindungen, damit es sicher steht. Achten Sie also beim Sägen auf Genauigkeit.

SCHUHREGAL

● ● ● BENÖTIGT WERDEN:

- Sägen
- Hobel
- Schmiege
- Tellerschleifer
- Stecheisen
- Weißleim

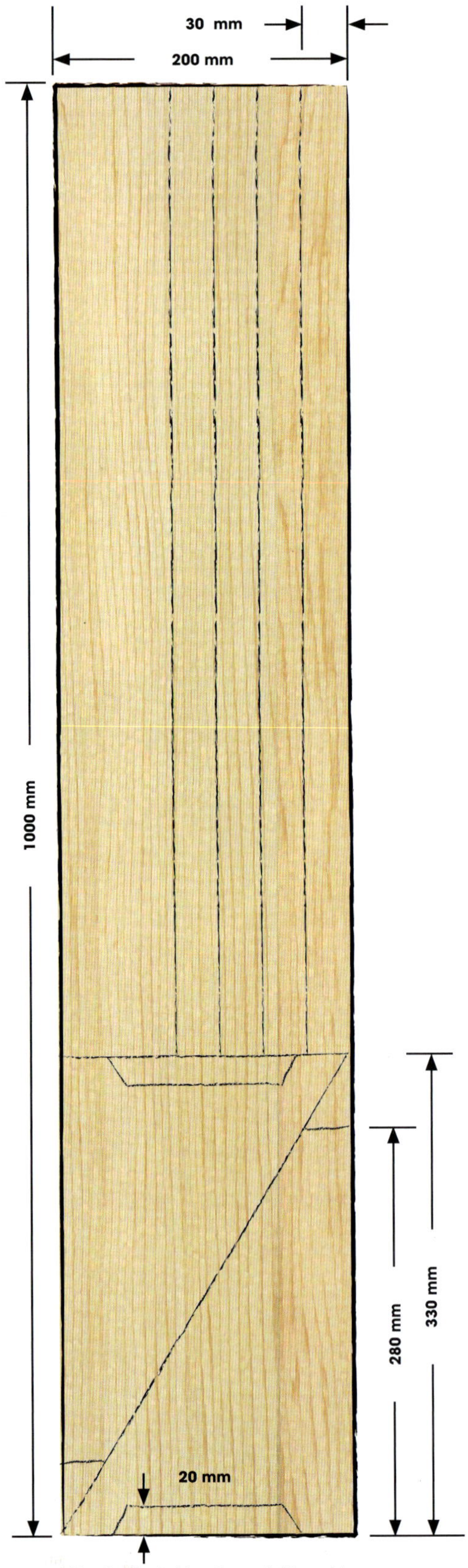

Das Brett wie hier dargestellt markieren

1 Bereiten Sie Ihr Brett wie auf Seite 19 beschrieben vor. Zeichnen Sie die Bauteile an und sägen Sie dann das Endstück ab, aus dem die beiden Seitenteile geschnitten werden.

2 Sägen Sie dieses Stück diagonal durch. Mit einer Bandsäge lässt sich das leicht erledigen, Sie können aber auch eine Hand- oder Stichsäge einsetzen.

3 Spannen Sie die beiden Seitenteile zusammen in einen Schraubstock und hobeln Sie die Sägekanten glatt. Am besten kleben Sie sie dafür auch zusammen, damit sie identisch werden.

4 Zeichnen Sie die Ausschnitte für die Füße, jeder sollte 30 mm breit sein. Übertragen Sie die gewählte Schräge mit einer Schmiege auf die andere Seite und verbinden Sie beide mit einer Linie im Abstand von 20 mm von unten.

5 Die Spitze der dreieckigen Seitenteile muss noch entfernt werden. Zeichnen Sie auch hier eine waagerechte Linie, diesmal 260 mm von oben.

6 Wieder ist eine Bandsäge bestens geeignet, um die Füße auszusägen. Eine Stich- oder Bogensäge leistet aber auch gute Dienste.

7 Sägen Sie die vier Querstreben auf 30 mm Breite zu.

8 Markieren Sie 10 mm vom Ende der Streben die Stellen, an denen die Verbindungen angebracht werden. Legen Sie dafür die Querstreben flach auf die Werkbank und stellen Sie die Seitenteile darauf. Zeichnen Sie die Holzverbindungen mit einem Bleistift an.

9 Schneiden Sie diese am besten mit einer Handsäge, sie sollten etwa 12 mm tief sein. Machen Sie auf jeder Seite einen Schnitt und dann weitere Entlastungsschnitte in dem Bereich, der entfernt werden soll.

10 Stemmen Sie die Reststücke mit einem Stecheisen aus.

11 Eine kleine Fase an den Enden der Querstreben ist eine hübsche Verzierung. Diese lässt sich mit einem Tellerschleifer schnell herstellen, aber auch ein Hobel oder einfach nur ein Stecheisen können dafür eingesetzt werden.

12 Die Holzverbindungen allein sollten die Querstreben sicher in Position halten, es genügt also ein wenig Weißleim, um sie zu befestigen.

13 Die genaue Position der Querstreben ist dabei nicht von Bedeutung.

So sollte Ihr fertiges Schuhregal aussehen

WÄSCHESTÄNDER

Wäschetrocknen ist eine lästige Sache. Auf das Wetter kann man sich nicht verlassen und ein Wäschetrockner kostet. Da hilft ein einfacher Wäscheständer, der neben die Heizung oder an den Küchenherd gestellt werden kann. Damit stellt er eine ebenso effiziente wie auch ökonomische Alternative dar. Diese komfortable Version verwendet traditionelle Holzverbindungen und lässt sich leicht auch erweitern. Sein Design basiert auf drei identischen Rahmen.

WÄSCHE-STÄNDER

BENÖTIGT WERDEN:

- Sägen
- Hobel
- Zwingen
- Streichmaß
- Stecheisen
- Tellerschleifer
- Weißleim

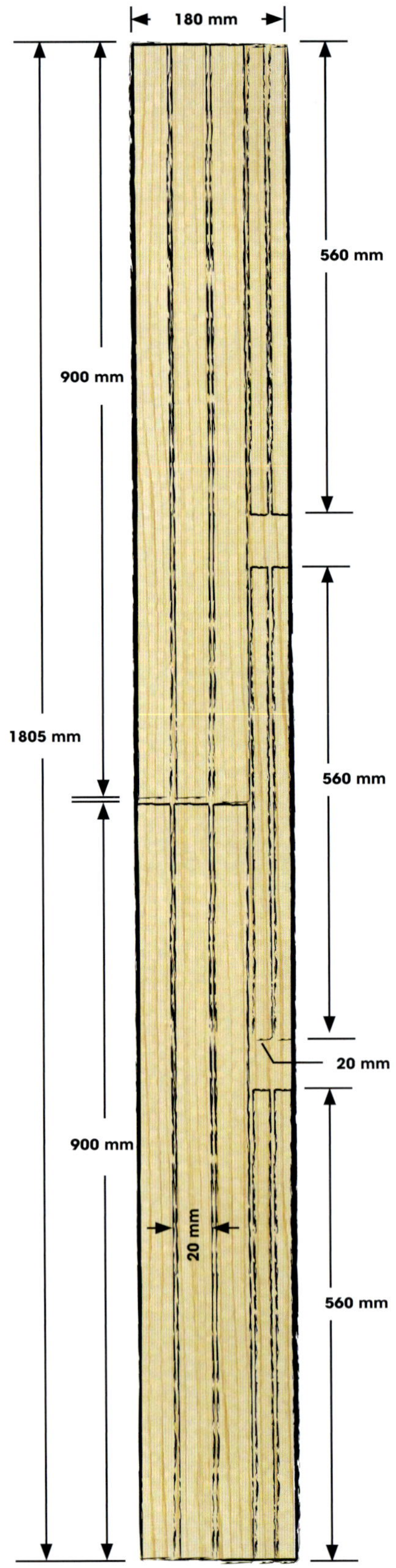

Das Brett wie hier dargestellt markieren

1 Bereiten Sie Ihr Brett wie auf Seite 19 beschrieben vor. Nachdem Sie alles zugesägt haben, glätten Sie die Kanten mit einem Hobel (hier im Bild) oder einer Schleifmaschine.

2 Richten Sie die sechs Stützen mit einem Anschlagwinkel aus und spannen Sie sie mit Schraubzwingen zusammen.

3 Die obere Querstrebe wird 20 mm vom oberen Ende der Stützen angebracht, zeichnen Sie diese Position mit einem Anschlagwinkel an.

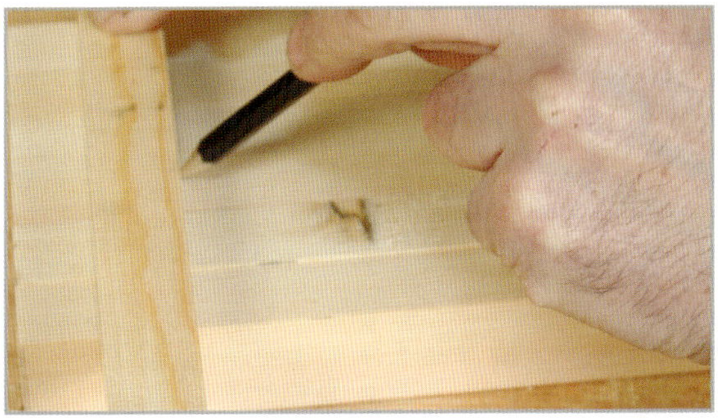

4 Nehmen Sie dann eine der Streben, um die exakte Breite anzuzeichnen. Tun Sie dasselbe für die untere Strebe, diese sollte jedoch 500 mm von unten angebracht werden.

5 Die Rahmen werden mit Schlitz- und Zapfenverbindungen zusammengehalten. Um diese sauber anzureißen, brauchen Sie ein Streichmaß. Stellen Sie den Abstand der Metallstifte auf Ihr Stecheisen ein.

6 Markieren Sie, wie hier zu sehen, die Position der Verbindung an den Stützen 20 mm von oben und 500 mm von unten.

7 Zeichnen Sie mit einer der Querstreben als Maß auch die Länge der Schlitzverbindung mit Bleistift an.

8 Am Ende der Querstreben wird die Zapfenbreite angerissen. Das geschieht ebenfalls mit dem Streichmaß und mit denselben Einstellungen.

9 Zeichnen Sie die Zapfenbrüstung mit einem Anschlagwinkel an. Zapfen können ganz durchgehen, aber schöner ist es, sie kurz zu halten. Gestalten Sie sie also Ihren Wünschen entsprechend.

10 Traditionelle Schlitz- und Zapfenverbindungen werden mit Stecheisen und Schlegel ausgestemmt. Entfernen Sie schrittweise das Material aus den Schlitzen in den Stützen.

11 Spannen Sie dann die Querstreben aufrecht in einen Schraubstock und sägen Sie mit einer Zapfen- oder Japansäge entlang der Zapfenbacken. Bleiben Sie dabei auf jeden Fall auf der Verschnittseite der Linie.

12 Schneiden Sie anschließend die Zapfenbrüstung.

13 Prüfen Sie den Sitz der Holzverbindungen, hier und da müssen Sie vielleicht den Zapfen mit dem Stecheisen passgenau zurechtschneiden.

14 Die Verbindung sollte bis an die Zapfenbrüstung bündig sitzen.

15 Die oberen Enden der Stützen werden abgerundet. Finden Sie dafür eine passende Schablone, dann formen Sie die angezeichnete Rundung mit einem Tellerschleifer.

16 Setzen Sie die Rahmen zusammen, prüfen Sie den Sitz der Holzverbindungen und die rechten Winkel. Wenn Sie zufrieden sind, verleimen Sie alles und spannen es zusammen.

17 Abschließend können die Rahmen mit Metall- oder Gewebescharnieren miteinander verbunden werden. Einfache Gummibänder wären aber z. B. auch eine Möglichkeit.

So sollte Ihr fertiger Wäscheständer aussehen

WEINREGAL

Bekanntlich soll man die Feste feiern, wie sie fallen. Daher ist es klug, immer ein paar gute Flaschen Wein im Haus zu haben. Und Wein sollte horizontal gelagert werden, damit der Korken nicht austrocknet. Das wissen nicht nur ausgesprochene Weinkenner. Um dieses Weinregal für insgesamt acht Flaschen zu bauen, werden Sie ein paar enge Kurven sägen müssen. Sie benötigen also ein schmales Sägeblatt für Ihre Band- oder Stichsäge. Für reine Handarbeit eignet sich natürlich eine Bogensäge.

WEINREGAL

BENÖTIGT WERDEN:

- Zirkel
- Sägen
- Walzenschleifer
- Nutfräse (plus Flachdübel der Größen 10 und 20)
- Frästisch mit Abrundfräser
- Zwingen
- Weißleim

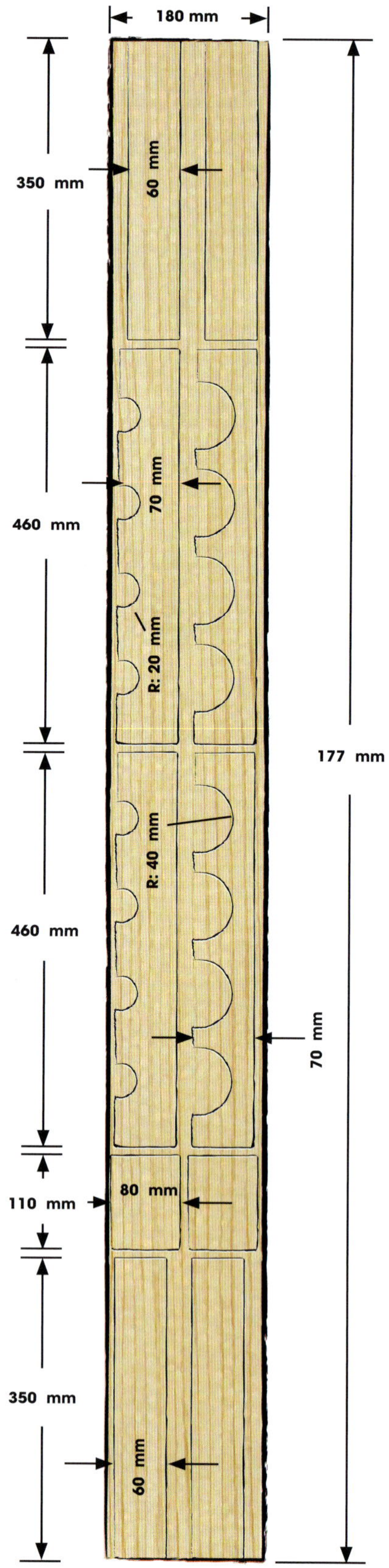

Das Brett wie hier dargestellt markieren

1 Bereiten Sie Ihr Brett wie auf Seite 19 beschrieben vor. Falls Sie Sekt oder andere größere Flaschen in Ihrem Regal unterbringen wollen, passen Sie die vorgegebenen Maße beim Anzeichnen entsprechend an. Umgekehrt gilt das natürlich auch für kleinere Flaschen.

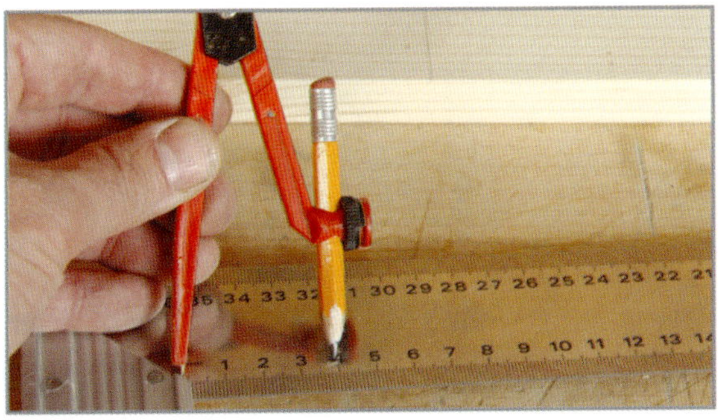

3 Diesmal brauchen Sie einen Zirkel, um die Rundungen für die Flaschen anzuzeichnen. Für die hinteren Bretter stellen Sie diesen auf einen Radius von 40 mm, für die vorderen auf 20 mm.

2 Nach dem Aussägen legen Sie die vier schmalen Querstreben, die die Weinflaschen halten, auf Ihre Werkbank. Zeichnen Sie auf den beiden hinteren Brettern eine Linie im Abstand von 20 mm von unten. Zeichnen Sie entsprechend auf den beiden vorderen Brettern eine Linie im Abstand von 45 mm, ebenfalls von unten. Richten Sie die Bretter zu einem exakten Quadrat aus und zeichnen Sie die Linien für die Flaschenausschnitte an. Beginnen Sie an einem Ende und zeichnen Sie eine Linie 60 mm nach innen, dann eine zweite Linie 113 mm weiter. Wiederholen Sie das auf der anderen Seite, und zeichnen Sie dabei immer alle vier Bretter gleichzeitig an.

4 Zeichnen Sie einen Halbkreis, indem Sie den Zirkel auf einer der vertikalen Linien einstechen. Dabei soll der Kreisbogen die horizontale Linie genau an der Stelle berühren, wo die beiden Linien sich kreuzen. Wiederholen Sie das für alle vier Ausschnitte. Anschließend tun Sie dasselbe vorne, dort mit dem kleineren Radius.

5 Spannen Sie die Bretter an die Werkbank und schneiden Sie vorsichtig die Rundungen. Nehmen Sie dafür z. B. eine Stichsäge mit einem schmalen Sägeblatt (hier im Bild).

6 Die Schnitte werden ein wenig grob aussehen, also glätten Sie sie mit einem kleinen, auf eine Hand- oder Standbohrmaschine montierten Walzenschleifer.

7 Als Nächstes werden die seitlichen Rahmen gefertigt. Diese sind sehr schlicht gehalten, in der Form eines H. Das Querstück wird einfach mit Flachdübeln an den Stützen befestigt. Legen Sie die Bauteile passend zusammen und markieren Sie die Position der beiden Flachdübel. Dann spannen Sie die Teile in die Werkbank und schneiden Sie Schlitze für 20er-Flachdübel. Geben Sie Weißleim zu, bevor Sie die Bauteile zusammenfügen. Zuletzt spannen Sie alles mit Schraubzwingen zusammen, bis es trocken ist.

8 An allen Bauteilen des Weinregals, auch an den Seitenstützen, sollten die Kanten abgerundet werden. Am besten, Sie setzen dafür einen Frästisch mit einem kugelgelagerten Abrundfräser ein. Arbeiten Sie sich entlang der Rundungen, drehen Sie dann das Werkstück um und wiederholen Sie den Vorgang auf der anderen Seite. Runden Sie auch die Unterseiten und Seitenkanten ab.

9 Da die Fräse nicht bis ganz in die Ecken reicht, bleibt dort immer ein kleines Stück Kante stehen. Das kann leicht mit etwas Schleifpapier nachbearbeitet werden.

10 Jetzt kann das Weinregal zusammengebaut werden, benutzen Sie für diese Verbindungen 10er-Flachdübel. Machen Sie zunächst eine mittige Markierung an alle Flaschen-tragenden Querstreben. Dann zeichnen Sie eine Linie im Abstand von 50 mm von der Kante an die Seitenstützen, stellen Sie die Querstreben mit ihrem unteren Ende auf diese Line und übertragen Sie die Position der Flachdübel auf die Seitenstütze.

11 Übertragen Sie diese Markierung mit einem Anschlagwinkel auf die zweite Seitenstütze.

12 Stellen Sie Ihre Fräse auf 10er-Flachdübel ein und schneiden Sie die Schlitze in die Enden aller Querstücke.

13 Da die Querstücke etwas nach hinten versetzt eingebaut werden, müssen Sie den Anschlag Ihrer Fräse für die Schnitte in die Seiten 5 mm weiter einstellen. Spannen Sie dann einen Seitenrahmen in den Schraubstock. Achten Sie darauf, dass die Innenseite Ihnen zugewandt ist, und schneiden Sie die Schlitze anhand Ihrer Markierungen. Wenn Sie diese vorher mit einem Anschlagwinkel über die Kante hinaus verlängern, sind sie leichter zu erkennen.

14 Wenn alle Schlitze geschnitten sind, können Sie mit dem Zusammenbau beginnen. Vorher sollen Sie alle Bauteile noch ein wenig mit Schleifpapier bearbeiten, um die Bleistiftlinien oder andere Unebenheiten zu entfernen.

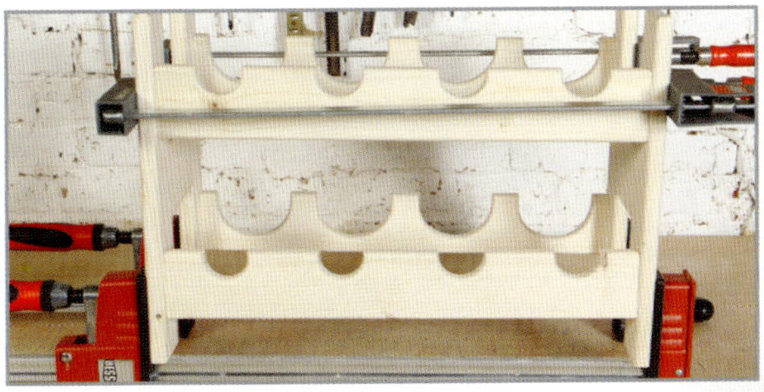

15 Der Zusammenbau ist einfach. Geben Sie etwas Weißleim in alle Schlitze, stecken Sie Flachdübel hinein und setzen Sie die Querstreben ein. Achten Sie dabei darauf, dass diese im korrekten Abstand vom 50 mm von den Rändern der Seitenstützen angebracht werden. Spannen Sie alles zum Trocknen mit vier Schraubzwingen zusammen.

So sollte Ihr fertiges Weinregal aussehen

TRITTHOCKER

Es kommt vor, dass das oberste Regalbrett einfach nicht zu erreichen ist. Oder eine Glühlampe muss dringend ausgetauscht werden. Kinder brauchen sowieso regelmäßig Unterstützung, z. B. um ans Waschbecken zu kommen. Für solche Gelegenheiten in Küche oder Bad ist dieser kleine Tritthocker ideal. Die Verbindungen werden allesamt mithilfe von Sacklochschrauben realisiert, das macht den Zusammenbau kinderleicht. Es können aber auch Flachdübel einsetzt werden.

TRITTHOCKER

BENÖTIGT WERDEN:

- Sägen
- Hobel
- Zwingen
- Schleifmaschine
- Walzenschleifer
- Vorrichtung für Sacklochbohrungen
- Schraubendreher
- Weißleim

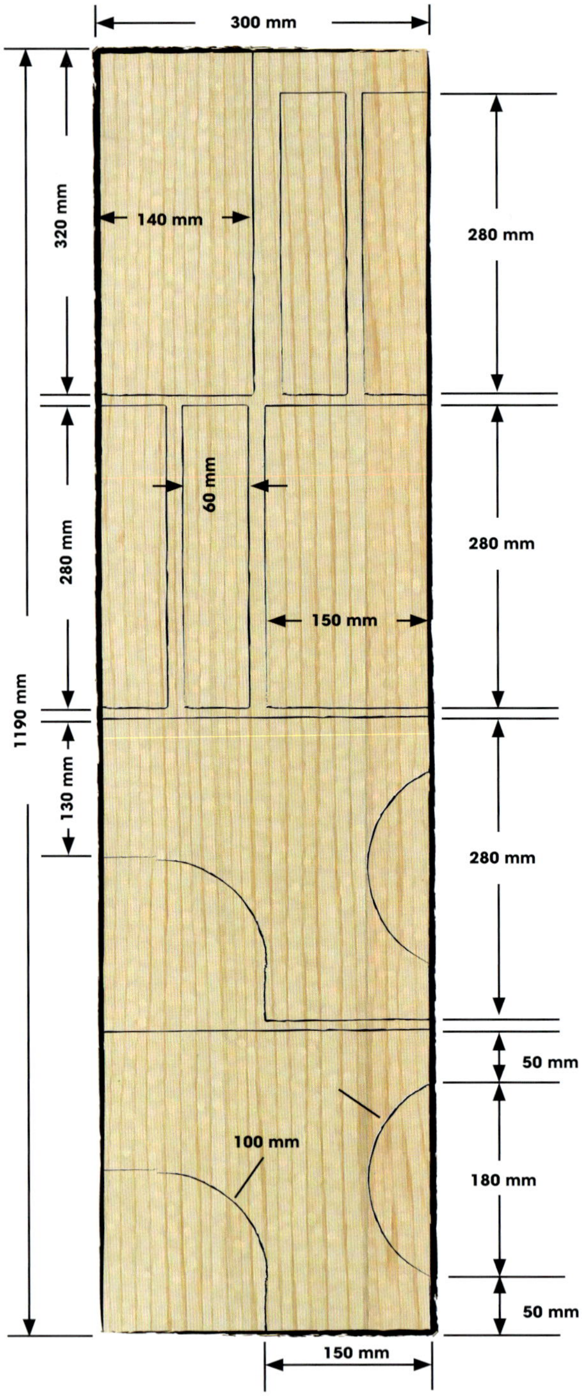

Das Brett wie hier dargestellt markieren

1 Bereiten Sie Ihr Brett wie auf Seite 19 beschrieben vor und zeichnen Sie alle Bauteile an. Je nach Größe Ihres Bretts kann es sein, dass Sie erst mehrere Stücke zusammenfügen müssen, bevor Sie die Seitenteile ausschneiden können. Teilen Sie es also mit Bedacht ein, um letztendlich ein ausreichend großes Stück zu erhalten. Wenn das Brett groß genug ist, können Sie die Seitenteile natürlich auch in einem Stück ausschneiden.

2 Schneiden Sie Ihre Bauteile zunächst auf Länge, dann sägen Sie die Breite zu. Beide Arbeitsschritte können auch mit einer Handsäge erledigt werden, falls Sie keine Tischsäge (hier im Bild) zur Verfügung haben.

3 Bevor Sie die Bretter für die Seitenteile zusammenfügen, hobeln Sie die Kanten, damit sie sauber zusammenpassen.

4 Geben Sie etwas Weißleim an jeweils eine der Kanten, die verbunden werden sollen.

5 Spannen Sie das Brett zusammen, bis der Leim getrocknet ist. Anschließend glätten Sie die Oberfläche mit einer Schleifmaschine.

6 Schneiden Sie das Brett auf die passende Größe. Anschließend zeichnen Sie eine vertikale Linie im Abstand von 150 mm von der vorderen Kante und eine zweite, horizontale Line mit demselben Abstand von der oberen Kante.

7 Die Seitenteile könnten einfach eckig ausgeschnitten werden, schöner ist jedoch eine Rundung. Zum Anzeichnen wurde hier ein Topfdeckel mit einem Durchmesser von 200 mm benutzt.

8 Mit derselben Schablone können auch die Rundungen zwischen den Beinen angezeichnet werden. Setzen Sie dafür Markierungen 50 mm von den äußeren Rändern des Brettes und platzieren Sie die Rundung genau dazwischen.

9 Wenn beide Seitenteile fertig angezeichnet sind, klemmen Sie sie so zusammen, dass sie ausreichend über der Werkbank überstehen. Schneiden Sie die Rundungen mit einer Stichsäge (hier im Bild) oder mit einer Bogensäge. Achten Sie darauf, dass Ihr Sägeblatt lang genug ist, um durch beide Bretter zu schneiden.

10 Glätten Sie die Schnitte mit einem Walzenschleifer, der auf einer Hand- oder Standbohrmaschine montiert ist. Arbeiten Sie anschließend noch mit Schleifpapier nach.

11 Alle Verbindungen werden mit Sacklochschrauben realisiert und die Bohrungen dafür mit einer einfachen Vorrichtung hergestellt. Setzen Sie je zwei Sacklöcher ans Ende und drei Sacklöcher oben in jede der Querstreben.

12 Legen Sie eines der Seitenteile auf Ihre Werkbank und verschrauben Sie die Querstreben.

13 Bringen Sie die Querstreben etwas nach hinten versetzt an, das ergibt ein schönes, sauberes Erscheinungsbild.

14 So sieht der komplette Rahmen aus.

15 Drehen Sie den Rahmen um und schrauben Sie die Trittflächen an.

16 Bearbeiten Sie den Tritthocker noch einmal sorgfältig mit Schleifpapier, um sämtliche Unebenheiten oder scharfe Kanten zu entfernen.

So sollte Ihr fertiger Tritthocker aussehen

ECKREGAL

Der Platz in Raumecken und Zimmernischen wird häufig nicht genutzt, dabei ist das ein wunderbarer Ort für Regale. Es sieht allerdings recht langweilig aus, wenn die einfach nur aus vorne abgerundeten dreieckigen Regalböden bestehen. Denn es geht durchaus auch anders. Dieses Eckregal eignet sich nicht nur für Dekorationen, es bietet zusätzlich auch Stauraum.

ECKREGAL

BENÖTIGT WERDEN:

- Sägen
- Zwingen
- Oberfräse mit geradem Fräsaufsatz
- Frästisch mit Abrundfräser
- Hobel
- Tellerschleifer
- Schraubendreher
- Weißleim

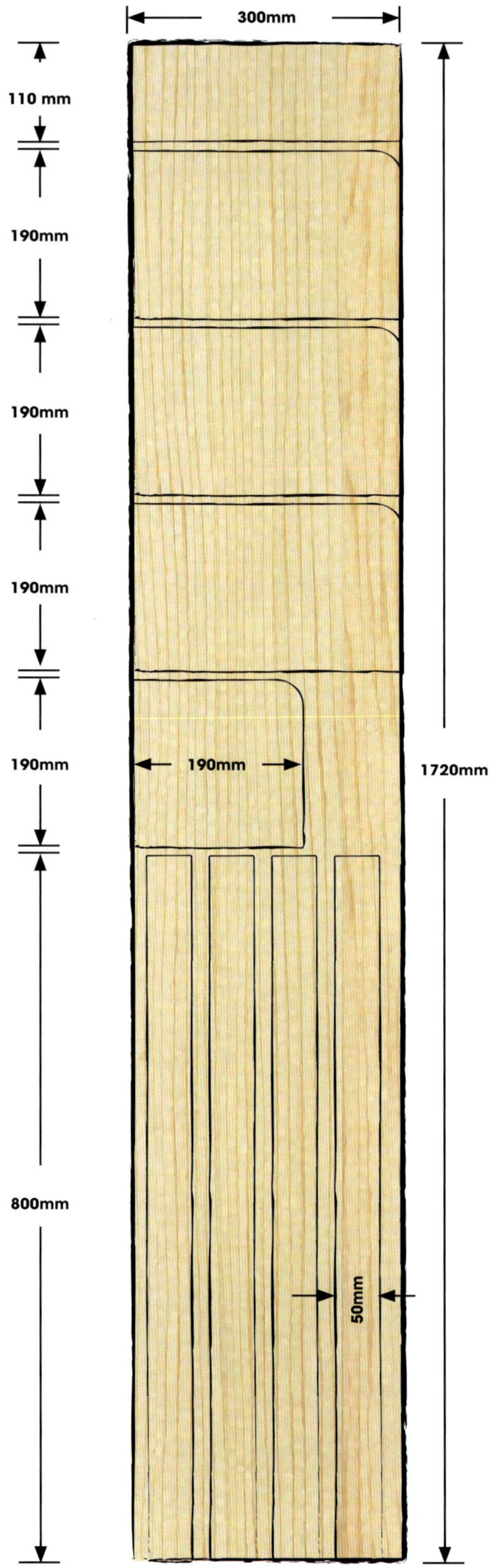

Das Brett wie hier dargestellt markieren

1 Bereiten Sie Ihr Brett wie auf Seite 19 beschrieben vor. Scheiden Sie die Bauteile zu und spannen Sie die vier Stützen ausgerichtet zusammen. Zeichnen Sie über alle hinweg die Positionen der Regalflächen an. Die Zwischenräume liegen bei etwa 190 mm, an den Enden empfiehlt sich ein Abstand von 100 mm.

2 Für die Regalböden müssen Einkerbungen in die Stützen gefräst werden. Wählen Sie dafür einen Fräsaufsatz, der der Dicke Ihrer Regalbretter entspricht. Alternativ können Sie auch einen kleineren nehmen und den Anschlag Ihrer Fräse schrittweise erweitern, bis die Schnittbreite stimmt. Eine weitere Option wäre es, die Bretter so zurechtzuhobeln, dass sie zu Ihrem Fräsaufsatz passen.

3 Legen Sie die Stützen immer noch zusammengeklemmt auf Ihre Werkbank, sodass sie ausreichend überstehen, und klemmen Sie ein weiteres Brett als Führung für Ihre Oberfräse darüber. Um dieses korrekt auszurichten, müssen Sie die Fräse auf die Stützen stellen. Der Fräsaufsatz sollte die Oberfläche genau an der Stelle leicht berühren, wo die Linie verläuft. Anschließend müssen Sie noch die Schnitttiefe einstellen, die in etwa bei zwei Dritteln der Materialstärke der Stützen liegen sollte.

4 Achten Sie darauf, dass die zusammengeklemmten Stützen fest auf die Werkbank gespannt sind, und schneiden Sie dann die Nut. Schneiden Sie nicht in einem Durchgang die gesamte Tiefe. Besser sind mehrere flache Durchgänge hintereinander, bis die endgültige Tiefe erreicht ist.

5 Anschließend glätten Sie die frischen Schnitte mit Schleifpapier.

6 So sehen die fertigen Stützen aus.

7 Aus optischen Gründen sollten die Kanten der Stützen abgerundet werden, setzen Sie dafür einen Frästisch mit einem kugelgelagerten Abrundfräser ein. Bearbeiten Sie zunächst die Enden, dann auch die Seiten, alle jeweils mit dem Gehrungsanschlag.

8 Als Nächstes stellen Sie die Regalbretter her. Für das untere, große Brett müssen Sie vielleicht wieder ein paar Bretter zusammenfügen. Hobeln Sie die Enden passend zurecht, geben Sie etwas Weißleim an eine der Seiten und spannen Sie die Stücke zusammen, bis der Leim getrocknet ist.

9 Die äußeren Ecken der Regalbretter werden abgerundet, zeichnen Sie die Rundung dafür mit einem geeigneten Objekt an.

10 Sägen Sie die Rundung mit einer Stich- oder Bogensäge (hier im Bild) und glätten Sie die Schnittkante mit einem Tellerschleifer.

11 Das ganze Regal wird mithilfe von Schrauben zusammengehalten. Bohren Sie dafür in die Stützen je ein 4 mm-Loch in die Mitte jeder Nut.

12 Bearbeiten Sie die Löcher auf der Rückseite mit einem Versenkbohrer.

13 Bauen Sie die Regalbretter von oben nach unten ein. Positionieren Sie die äußeren Stützen bündig zum Rand des oberen Regalbretts und lassen Sie bei den inneren Stützen eine kleine Lücke zur Ecke.

GLOSSAR

Absauganlage
Industriestaubsauger mit Hochleistungsmotor und Feinfiltersystem, oft mit automatischer Aktivierung zur Synchronisation mit dem aktuell verbundenen Elektrowerkzeug.

Anschlag
Fest fixierte Führungsschiene an einem Elektrowerkzeug oder einer Maschine, die das Werkstück stabil ausrichtet, z. B. für einen akkuraten Schnitt.

Anschlagwinkel, Schreinerwinkel
L-förmiges Werkzeug für das Anzeichnen von 90°-Winkeln mit dem Werkstückrand als Bezugspunkt.

Bandsäge
Feststehende Werkstattmaschine mit Arbeitstisch aus Metall, ein mehr oder weniger schmales Sägeblatt läuft kontinuierlich um zwei, manchmal auch drei Räder, besonders geeignet für das Schneiden von Rundungen und Herstellen von Holzverbindungen.

Bandzwinge
Zwinge mit verstellbarem Band, ermöglicht das Zusammenfügen von unregelmäßigen Formen.

Bankhaken
Selbst gebaute Spannvorrichtung aus Holz zur sicheren Fixierung von Holz, speziell beim Längssägen mit einer Handsäge.

Bogensäge
Kleine Bügelsäge mit feinem Sägeblatt zum Schneiden von Rundungen.

Bügelzwinge
Schraubzwinge ohne Gleitschiene, einfach und verlässlich, vielseitig einsetzbar.

Dübel
Runder oder zylindrischer Holzstift.

Durchgangsloch
Bohrung durch ein zu dem Zweck fest fixiertes Stück Holz, groß genug, um die weiteste Ausdehnung einer Schraube ungehindert durchzulassen.

Falz
Stufenförmig geschnittener Aussparung an einer Werkstückkante, häufig gefertigt, um in die entsprechende Form eines Gegenstücks eingefügt zu werden.

Fase
Schräge an einer Kante, z. B. am scharfen Ende einer Klinge oder an einem Stück Holz, hier meist zur Dekoration und z. T. exakt im 45°-Winkel geschnitten.

Flachdübel
Ovaler, flach gepresster Holzdübel, für die Erstellung von Holzverbindungen mithilfe einer Nutfräse, quillt in Kombination mit wasserlöslichem Leim (Weißleim) auf und sorgt für eine sehr stabile Verbindung, erhältlich in verschiedenen Größen, Holzarten und Dicken.

Fräsaufsatz, kugelgelagert
Oberfräsenaufsatz mit integriertem Kugellager, schneidet mit konstanter Tiefe Fugen in das Werkstück.

Fuchsschwanz
Handsäge mit gehärteter, rasierklingenscharfer Verzahnung, die für Quer- und Längssägen eingesetzt werden kann.

Führungsschiene
Metallschiene zur sicheren Steuerung von Handwerkzeugen, wie z. B. Fräsen oder Handkreissägen, durch das Werkstück.

Gehrungsanschlag
Speziell für Winkelschnitte verstellbarer Anschlag an einer Tischsäge.

Gehrungslade
Haltevorrichtung aus Holz oder Plastik mit vorgefertigten Schlitzen zum Schneiden von akkuraten Winkeln mit einer Handsäge.

Glattes Eckblatt
Traditionelle Eckverbindung für zwei Holzstücke von identischer Dicke, bei der die Hälfte der Materialstärke von jedem Stück entfernt wird, ergibt zusammengesetzt einen perfekt bündigen Abschluss.

Hartholz
Holz von Laubbäumen, z. B. Eiche oder Esche, muss nicht zwingend „hart" sein, auch Balsaholz z. B. gilt als Hartholz.

Hirnholz
Fasern am Ende eines Brettes, die durch Quersägen freigelegt werden.

Hirnholzhobel
Kleiner Hobel mit flacher Klinge für die Bearbeitung von Hirnholz oder zum Abschrägen von Kanten.

Kombinationswinkel
Metallwerkzeug, das die Funktionen von Anschlagwinkel, Gehrungswinkel und Stahllineal kombiniert.

Längssägen
Sägen mit der Maserung des Holzes.

MDF
Mitteldichte Faserplatte – aus zusammengepressten Holzstücken gefertigte Platte mit sehr glatter Oberfläche, gut zu streichen.

Putzhobel
Mittelgroßer Hobel für generellen Einsatz.

Quersägen
Sägen quer zur Maserung des Holzes, z. B. Ablängen von Brettern.

Querstrebe, Holm
Horizontales Bauteil in einem Rahmen, ein Stuhl z. B. hat ggf. Holme zwischen den Stuhlbeinen.

Sackloch
Schräg angesetztes Bohrloch zur Verbindung von zwei Holzstücken mit einer selbstbohrenden Schraube, wird mit einer speziellen Vorrichtung gebohrt.

Sägeblattschutz
Metall- oder Plastikschutz über dem Sägeblatt einer Tischsäge angebracht, das sich schnell drehende runde Sägeblatt würde sonst beim Sägeeinsatz freiliegen.

Sägefuge
Vom Sägeblatt beim Sägevorgang hinterlassene Lücke im Holz.

Schiebestock
Längliches Stück Holz oder Plastik mit eingekerbtem Ende zum sicheren Halten oder Durchschieben von (kleinen) Werkstücken beim Sägen mit Maschinen.

Schlegel, Holzhammer
Holz- oder Gummihammer – werden eingesetzt, um Stecheisen in Hartholz zu treiben oder Holzverbindungen ineinander zu schlagen.

Schleifstein, Abziehstein
Zur Herstellung von feinen, scharfen Kanten an div. Metallklingen, ggf. unter Zugabe von Schleifmitteln.

Schlitz- und Zapfenverbindung
Traditionelle Holzverbindung mit einem an einem Bauteil ausgebildeten Stift (Zapfen), der an dem anderen Bauteil in eine Aussparung (Schlitz) eingefügt wird.

Schmiege
Verstellbares Werkzeug, um Winkel anzuzeichnen oder zu übertragen, z. B. auf Sägeblätter und Anschläge an Maschinen.

Schraubzwinge
Raumgreifende Zwinge zum Fixieren von (auch großen) Platten oder Brettern kann mithilfe eines beweglichen Gleitbügels, der auf einer gezahnten Gleitschiene sitzt, schnell eingesetzt werden.

Seitenmaserung
Maserung entlang der Brettkante, läuft parallel zur Längsrichtung, verleimen entlang der Seitenmaserung bewirkt eine stabile Verbindung.

Spaltkeil
Hinter dem Sägeblatt einer Kreissäge montierte bogenförmige Platte, hält die Sägefuge offen und trennt die frisch geschnittenen Holzteile nach dem Sägevorgang voneinander, häufig verbunden mit dem Sägeblattschutz.

Sperrholz
Stabile und robuste Holzplatte aus mehreren dünnen, verschränkt miteinander verleimten Holzschichten.

Streichmaß
Hölzerne Messlehre zum Anreißen von parallel zum Werkstückende verlaufenden Linien.

Tischsäge
Feststehende Werkstattmaschine mit Arbeitstisch aus Metall und fest montiertem Kreissägeblatt, Werkstücke werden mithilfe von Anschlägen präzise durch die Säge geführt.

Versenkbohrer
Konischer Bohraufsatz zur Herstellung von trichterförmigen Vertiefungen am oberen Ende einer Bohrung, zum Versenken von Schraubenköpfen.

Vorbohrloch
Bohrung in Holz, die genug Raum für den Schraubenschaft lässt, nicht aber für das Schraubengewinde, dient einem leichteren Einschrauben und verhindert Splittern oder Reißen des Holzes.

Weichholz
Holz von Nadelbäumen, z. B. Kiefer.

Weißleim, PVA
Polyvinylacetat –wasserlöslicher Holzleim für universellen Einsatz.

Zapfensäge, Rückensäge
Kleine Handsäge mit feiner Verzahnung und verstärktem Sägerücken, häufig eingesetzt für die Herstellung von Holzverbindungen an der Werkbank.

Zapfenverbindung
Traditionelle Holzverbindung, bei der ein Bauteil in einem Schlitz eines anderen Bauteils gesteckt wird, z. B. bei Bücherregalen, wobei das aufrecht stehende Bauteil die Schlitze erhält, in die die waagerechten Regalbretter eingepasst werden.

Ziehsäge, Japansäge
Handsäge mit sehr dünnem Sägeblatt, sägt im Gegensatz zu konventionellen Sägen bei der Ziehbewegung, ursprünglich japanischen Ursprungs, heute weit verbreitet.

ÜBER DEN AUTOR

Andy Standing ist ausgebildeter Möbelschreiner und schreibt seit über 15 Jahren Artikel über Holzbearbeitungstechniken und Holzprojekte. Regelmäßig liefert er Beiträge für „The Woodworker", „Furniture & Cabinetmaking", „Woodworking Plans & Projects" und „Practical Woodworking".

Seine Karriere als Tischler begann er 1990, nachdem er die Tätigkeit als Studiomanager beim BBC Radio in London aufgegeben und mit seiner Familie nach Norfolk gezogen war. Er nahm an einem „City and Guilds"-Kurs über Möbelbau teil und erreichte bald eine gewisse Meisterschaft. Folgerichtig richtete Andy sich eine eigene Werkstatt ein, in der er einige Jahre lang individuell gestaltete Möbel als Auftragsarbeiten anfertigte. Parallel dazu begann er, gelegentlich Artikel für Holzhandwerksmagazine zu schreiben, und mit der Zeit verbrachte er immer mehr Zeit am Laptop und immer weniger an seiner Werkbank.

In diesem Heimwerkerbuch für Holzhandwerker möchte Andy seinen Lesern ein Spektrum an nützlichen Projekten aufzeigen, die einfach und mit leicht verfügbarem Material zu realisieren sind. Die Komplexität variiert, doch die meisten Projekte können auch von Anfängern gebaut werden.

Und am Ende des Buches hat der Leser hoffentlich einige brauchbare Dinge selbst hergestellt und dabei außerdem ein paar Holzbearbeitungstechniken erlernt.

INDEX

Alle Projekte in Fettdruck